W0034814

Sigrid Hess

Perfekt im Office

Sigrid Hess

Perfekt im Office

Büro-Organisation für Profis

REDLINE | VERLAG

Bibliografische Information der Deutschen Nationalbibliothek:
Die Deutsche Nationalbibliothek verzeichnet diese Publikation in der Deutschen National-
bibliografie; detaillierte bibliografische Daten sind im Internet über **http://d-nb.de** abrufbar.

Für Fragen und Anregungen:
hess@redline-verlag.de

5. Auflage 2014

© 2012 by Redline Verlag, ein Imprint der Münchner Verlagsgruppe GmbH,
Nymphenburger Straße 86
D-80636 München
Tel.: 089 651285-0
Fax: 089 652096

Die vorherigen Ausgaben sind mit der Autorin Dorothea Engel-Ortlieb (†) erschienen.

Alle Rechte, insbesondere das Recht der Vervielfältigung und Verbreitung sowie der Übersetzung, vorbehalten. Kein Teil des Werkes darf in irgendeiner Form (durch Fotokopie, Mikrofilm
oder ein anderes Verfahren) ohne schriftliche Genehmigung des Verlages reproduziert oder
unter Verwendung elektronischer Systeme gespeichert, verarbeitet, vervielfältigt oder verbreitet
werden.

Redaktion: Desirée Šimeg, Gersthofen
Umschlagabbildung: iStockphoto.com
Satz: Georg Stadler, München
Druck: Konrad Triltsch GmbH, Ochsenfurt
Printed in Germany

ISBN Print 978-3-86881-355-5
ISBN E-Book (PDF) 978-3-86414-295-6
ISBN E-Book (EPUB, Mobi) 978-3-86414-296-3

Weitere Informationen zum Verlag finden sie unter

www.redline-verlag.de

Beachten Sie auch unsere weiteren Imprints unter
www.muenchner-verlagsgruppe.de

Inhalt

Vorwort

Büroarbeit – in den letzten zwanzig Jahren blieb hier nichts so, wie es einmal war. Methoden, Techniken und Abläufe haben sich grundlegend verändert. Auch die Anforderungen an die Menschen, die diese Arbeit tun, sind anders und zum größten Teil sehr komplex geworden. Gerne wird versucht, mit den in den Produktionshallen eingeführten bewährten Methoden des Qualitätsmanagements die komplexen Strukturen des Officemanagements zu fassen. Das führt jedoch selten zu einem befriedigenden Ergebnis. Warum? Was ist Büroarbeit eigentlich genau – und was macht sie so komplex und schwer zu fassen?

In Produktionsprozessen wird aus Rohstoffen oder Halbfertigteilen ein Produkt hergestellt, das exakt definiert ist und bei dem festgelegte Kriterien determinieren, wann es »gut genug« ist, also den Qualitätsanforderungen genügt. Bei administrativen Aufgaben fehlen eben diese objektiven Kriterien oft. Der »Produktionsprozess« ist hier immer das Verarbeiten von Informationen. Informationen kommen an, werden verarbeitet, verlassen den Arbeitsplatz – und sind zugleich der Input für die nächste Stelle, die mit dieser Information weiterarbeitet. Nicht selten kommt dieselbe Sache nach einigen Arbeitsschritten wieder an die ursprüngliche Stelle zurück.

Das ist nicht nur bei einem Thema oder einem Vorgang so, sondern bei einer Vielzahl davon – oft genug auch gleichzeitig. Dabei müssen diese aber keineswegs stets dieselben Wege gehen und erst recht nicht die gleiche Priorität haben. Dass es einfach sei, hat ja auch niemand behauptet, oder? Machen wir uns also auf den Weg, in diesem komplexen Gesamtgeschehen die wichtigsten Strukturen zu finden und zu gestalten.

1. Büro ist Informations-verarbeitung

Die Informationsverarbeitung im Büro findet jetzt und vielleicht noch in den nächsten zwanzig Jahren in nahezu allen Unternehmen zweigleisig statt: Sowohl auf Papier wie auch in elektronischer Form sind Informationen und Unterlagen vorhanden, die zu ein und demselben Vorgang gehören. Da gibt es vielleicht zwei Excel-Dateien (die eine davon in drei Versionen), sieben Word-Dokumente, eine Liste auf Papier, einen Katalog – als Printausgabe – eine PowerPoint-Präsentation und noch diverse Bilder auf CD-ROM – leider in einem Format, das Ihr PC nicht erkennt. Nicht zu vergessen die 73 E-Mails (davon 31 mit Anhängen, vieles ist mehrfach vorhanden). Alle diese Informationen sind relevant für ein und denselben Vorgang. Dieser ist nur komplett dokumentiert mit all seinen Bausteinen. Da diese Bausteine auf verschiedenen Medien vorliegen, spricht man von einem »Medienbruch«.

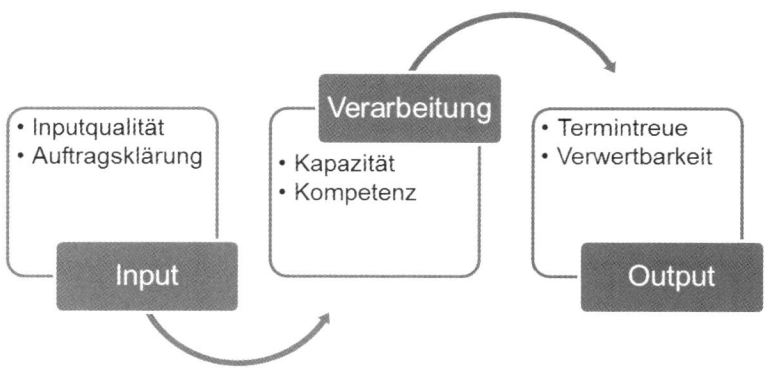

Abbildung 1: Informationsverarbeitung

Medienbruch ist eher die Regel als die Ausnahme. Mit dieser Voraussetzung kreativ und pragmatisch umzugehen, Doppelarbeit zu vermeiden und die Übersicht zu behalten, ist die große Herausforderung unserer Zeit. Dazu ist es notwendig und sinnvoll, die Systematik, die hinter jeder Arbeit im Büro steht, zu analysieren. Für jedes Vorgehen gibt es Werkzeuge. Wie im produzierenden Handwerk gibt es passgenaue Instrumente und solche, mit denen man das Ziel auch erreicht, aber nicht ganz so schnell oder nicht ganz so perfekt. In diesem Buch lernen Sie verschiedene Tools kennen und können selbst bewerten, was für Sie sinnvoll und was an Ihrem Arbeitsplatz einfach nicht umzusetzen und damit unbrauchbar ist. Stellen Sie nicht den Anspruch an sich, alles umgestalten zu müssen – das geht gar nicht. Denn die Voraussetzungen in den Büros sind heutzutage so unterschiedlich wie noch nie in der Geschichte. Darum: »*Prüft alles, das Gute behaltet*«.[1]

Bürowerkzeuge

Zwei Hauptarbeitsbereiche sind wichtig im Büro: der dynamische Bereich und der statische. Der dynamische Arbeitsbereich ist das, was jetzt im Moment in Arbeit ist – hier werden die Entscheidungen getroffen, die Informationen gesichtet und gefiltert, werden Dokumente erzeugt und weiterverarbeitet. Hier läuft das Tagesgeschäft. Der statische Bereich ist die Ablage. Dort lagern Sie Informationen für spätere Aufgaben oder Sie bewahren sie auf, um gesetzlichen Anforderungen zu genügen. Unterlagen im statischen Bereich gehören nicht zu den aktuellen Aufgaben. Dazu kommen natürlich Termine, die vereinbart und überwacht werden müssen und allerhand Aufgaben »zwischen Tür und Angel«. Obendrein sind viele Werkzeuge im Büro doppelt vorhanden: einmal für die elektronische Informationsverarbeitung, einmal für die papierhaften Dokumente.

Wir betrachten hier zuerst die papierhaften Strukturen und Arbeitsweisen, danach die elektronischen.

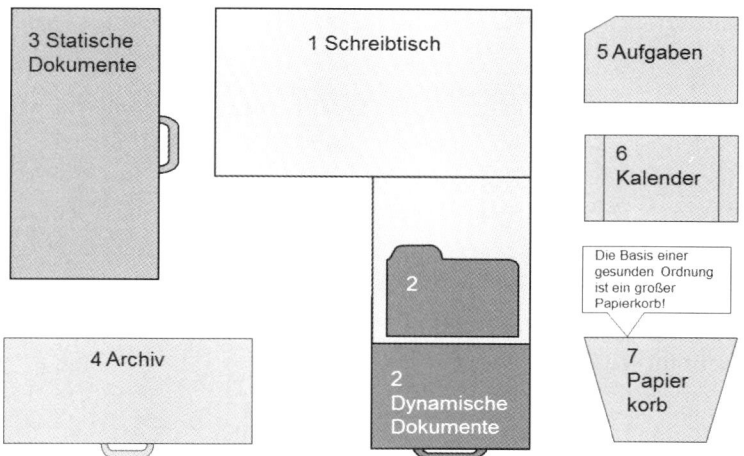

Abbildung 2: Bürowerkzeuge

Der Schreibtisch (1)

Ihr Schreibtisch sollte natürlich ausreichend groß sein, um genügend Platz für Ihre Arbeitsutensilien zu bieten:

➤ das Telefon – gerne mit Headset,

➤ den PC und Monitor,

➤ ein Notizbuch,

➤ den Postein- und -ausgang,

➤ die Unterlage, an der Sie gerade arbeiten,

➤ eventuell einen Papierkalender.

Dokumente (2) (3) (4)

Sie haben grundsätzlich zweierlei Dokumente (elektronische wie papierhafte), das zentrale Unterscheidungsmerkmal ist:

Dynamisch: Dieses ist in Bearbeitung.

Statisch: Dieses ist abgeschlossen.

In der Regel arbeiten Sie zu 80 Prozent im dynamischen und zu 20 Prozent im statischen Bereich.

Diese beiden Dokumentarten unterscheiden sich

➤ durch den Ort, an den Sie gehören, und

➤ durch das Kriterium, nach dem sie eingeordnet werden.

Dokumente	Ablage	Ordnung
• dynamische Dokumente	**Platzablage**	**Dynamisch**
Zugriff mehrmals täglich	Im oder neben dem Schreibtisch	Ordnung nach dynamischen Eigenschaften
		in der Regel ungeheftet
• lebende Dokumente	**Bereichsablage**	**Statisch**
Zugriff mehrmals wöchentlich	Wenige Schritte entfernt	Ordnung nach statischen Eigenschaften
• tote Dokumente	**Altablage**	in der Regel geheftet
bis Ende der Aufbewahrungsfrist	Im Keller	
• ewige Dokumente	**Archiv**	
zur Dokumentation		

Aufgaben (5)

Aufgaben müssen erfasst, nachverfolgt und auch dokumentiert werden. Dazu kann man papierhafte oder elektronische Listen führen. Beliebt sind mancherorts auch Post-its und beschriftbare Schreibtischunterlagen. Wichtig sind dabei zwei Dinge: 1. Es darf nichts verloren gehen und 2. das System sollte so transparent sein, dass auch eine unvorbereitete Vertretungssituation möglich ist (siehe dazu Office-Handbuch, Seite 186, und Office-Tagebuch, Seite 193).

Kalender (6)

Der Papierkalender hat im Zeitalter von Outlook, Lotus Notes und den vielen verschiedenen internetbasierten Kalendertools an Bedeutung verloren. Dennoch führen viele Menschen gerne einen Papierkalender. Für die persönlichen Termine und einen schnellen Überblick ist dagegen auch gar nichts zu einzuwenden. Werden jedoch Besprechungen (diesen Begriff verwende ich hier durchgängig anstelle von »Meeting«) mit dem elektronischen Kalender geplant, müssen Sie zwingend zwei Kalender sorgsam pflegen. Der zusätzliche Aufwand und auch die mögliche Fehlerquelle muss sorgfältig gegen den Nutzen abgewogen werden. Ein weiterer Pluspunkt, der für den elektronischen Kalender spricht, ist seine Verfügbarkeit auf und Synchronisation mit dem Smartphone.

2. Posteingang

Posteingang – damit verbinden wir heute schon viel eher das E-Mail-Postfach als die »gelbe Post«. Letztere kommt ein- oder höchstens zweimal täglich. Im E-Mail-Postfach »brummt« es hingegen in der Regel den ganzen Tag. Und natürlich erwartet jeder Eingang Ihre sofortige Aufmerksamkeit. Oder?

Mit der Bearbeitung des Posteingangs steht und fällt Ihre Büroeffizienz. Hier laufen die Informationen zusammen, hier treffen Sie die ersten Entscheidungen, hier sortieren Sie alles Überflüssige sofort aus. Hier entscheiden Sie über Ihren Tagesablauf, über Prioritäten und Arbeitsabläufe. Erledigen Sie den Posteingang nicht nur einfach nebenbei, denn es handelt sich hierbei um eine eigenständige Arbeit, für die Sie sich ein Zeitfenster einplanen müssen. Es macht Spaß, informiert zu sein und den einzelnen Aufgaben die richtigen Plätze zuzuweisen. Diese Vorbereitungs- und Planungsarbeit ist gut investiert.

Effizientes Vorgehen in vier Schritten

1. Unterscheiden Sie zwischen Sichten und Bearbeiten.
2. Bearbeiten Sie Ihren Posteingang als Arbeitsblock zu festgelegten Zeiten.
3. Entscheiden Sie sofort, was mit jedem Dokument geschehen soll.
4. Erledigen Sie Kleinaufgaben, die bis zu drei Minuten dauern, sofort.

Und wenn die Entscheidung schwerfällt? Wenn Sie einfach (noch) nicht wissen, was damit zu tun ist? Das sind meist die Aufgaben, die den unliebsamen »Bodensatz« im Eingangskorb bilden. Damit das nicht passiert, definieren Sie hierfür Plätze: zum Beispiel eine Mappe »Besprechen mit Führungskraft« oder »Wartet«. Für alles, was vielleicht noch einmal interessant werden könnte, aber keine unmittelbare Aktion erfordert, benutzen Sie einen Stehsammler, den Sie konsequent von links befüllen. Ist er voll, entsorgen Sie das Drittel rechts.

Posteingangsroutine

Ihre Effizienz steigt spürbar, wenn Sie Ihren Posteingang konsequent nach einem Standardschema erledigen.

Der Posteingang ist – entgegen der aktuell vorherrschenden Gepflogenheit – eine eigene Arbeitsroutine.

Es kann hilfreich sein, wenn Ihr Posteingangskorb nicht auf Ihrem Schreibtisch, sondern nahe am Eingang zum Büro steht. Am besten gleich mit einem Papierkorb daneben. So finden Papiere, die Sie nicht benötigen, erst gar keinen Platz auf Ihrem Schreibtisch. Dann gehen Sie bewusst zum Posteingang, nehmen ein Schriftstück nach dem anderen zur Hand und entscheiden nach dem obigen Schema sofort, wie Sie damit weiter verfahren wollen. Machen Sie gegebenenfalls kurze Bleistiftnotizen als Gedächtnisstütze direkt auf das Blatt. Beenden Sie diesen Arbeitsblock, wenn alle Schriftstücke aus dem Posteingang versorgt sind und der Korb leer ist.

Verfahren Sie bei den E-Mails ähnlich. Unterscheiden Sie zwischen dem Sichten der E-Mails – das bedeutet Überfliegen der Betreffzeilen mit der Absenderangabe, um dringende und gleichzeitig wichtige Aufgaben herauszufiltern (siehe Die Eisenhower-Methode, Seite 55) – und dem Bearbeiten der elektronischen Post nach der Posteingangsroutine.

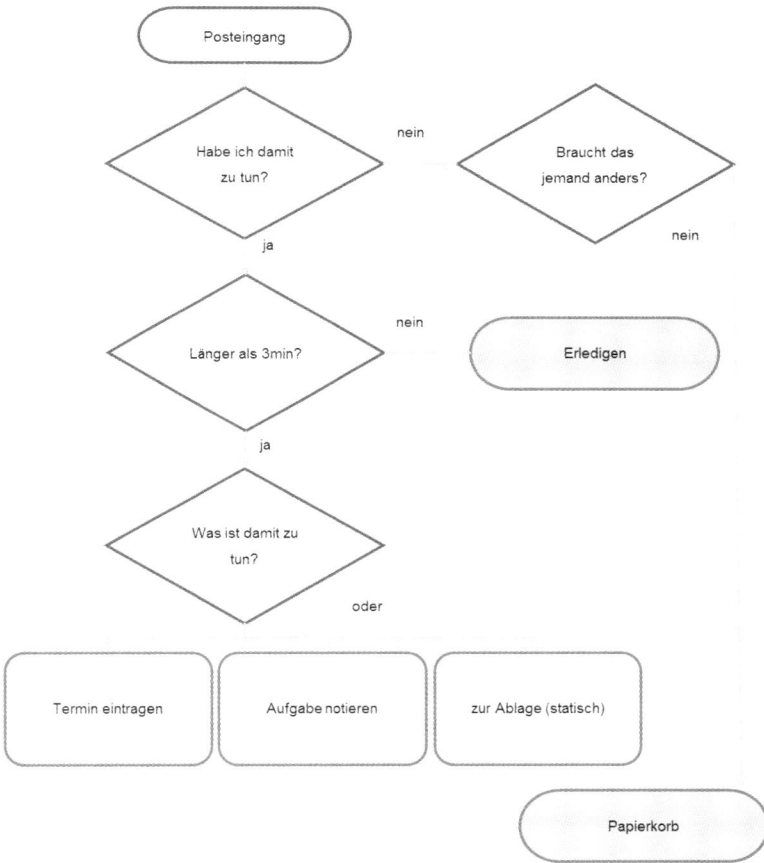

Abbildung 3: Standardschema für den Posteingang

Versuchen Sie, die Bearbeitung der E-Mails konzentriert und am Stück zu erledigen. Lassen Sie sich gleich am Morgen nicht in den Strudel der Dringlichkeiten des Postfachs hineinziehen, indem Sie alle E-Mails anlesen. Falls Sie eine E-Mail mit wirklich akutem Handlungsbedarf haben, bearbeiten Sie diese. Schalten Sie dann Ihr Postfach wieder aus. Die Routinearbeit kommt später dran (Näheres hierzu finden Sie im Kapitel »E-Mail-Management«).

Sicher haben Sie es selbst schon am eigenen Leib erlebt: Gerade beim Bearbeiten der E-Mails kommt man leicht vom Hundertsten ins Tausendste. Da ist eine Recherche im Internet notwendig, bei der Gelegenheit schauen Sie eben nach, was der Aktienkurs gerade macht ... Oh, die Zahlen vom Mitbewerber sind online ... Hm, ob das Gutes bedeutet? Die sofortige Verfügbarkeit unendlicher Informationsmengen ist hier eine große Gefahr für Ihre Effizienz. Niemand will sich mehr eine Arbeitswelt ohne E-Mail und die Möglichkeiten des Internets vorstellen. Die Lösung kann alleine im bewussten und reflektierten Umgang mit den neuen Medien liegen. Schalten Sie einfach einmal ab – nicht immer, aber immer wieder.

15 Chef-Minuten

Das ist für alle, die in Assistenzfunktionen arbeiten oder eine/n Assistenten/-in haben, wirklich wichtig: Nehmen Sie sich jeden Tag zu einer festen Uhrzeit 15 Minuten Zeit – das geht auch am Telefon – und besprechen Sie kurz und gebündelt das Wesentliche dieses Tages miteinander. Dieses Schema hilft:

Gesprächspunkt	Ja	Nein	Kommentar
1 Terminanfragen			
2 Terminänderungen			
3 Aufgabenanfragen neu hinzugekommen			
4 Erledigte Aufgaben			
5 Absolute Priorität 1 heute			

Denken Sie daran: Die Hauptaufgabe des Teams Assistenz/Führungskraft ist immer und überall dieselbe, nämlich die Kompetenz und Professionalität der Führungskraft jederzeit nach außen zu transportieren. Das geht nur mit einem reibungslosen Informationsfluss!

Wenn Sie die Führungskraft sind, versorgen Sie Ihre Assistenz großzügig mit Informationen, auch über Hintergründe, Prioritäten und Fettnäpfchen. Wie soll sonst eine gute Chefentlastung und Entscheidungsvorbereitung funktionieren? Halten Sie diese Viertelstunde konsequent und mit hoher Priorität frei – denn es geht um Ihre Professionalität!

Arbeiten Sie in der Assistenz, dann sammeln Sie Fragen an Ihre/n Vorgesetzte/n, die nicht zwingend sofort beantwortet werden müssen, für diese 15 Minuten. Das ist für Sie beide besser als auf Zuruf, was immer einen der Beteiligten aus der momentanen Arbeit reißt. Besprechen Sie diese Fragen konzentriert. Klären Sie dann alle anstehenden Termine: Was muss vorbereitet werden und was hat heute unbedingte Priorität 1? Sagen Sie auch in einem Satz, was aus der Priorität 1 vom Vortag geworden ist.

3. E-Mail-Management

Posteingang

E-Mails, gelesene und ungelesene, sammeln sich im Posteingangs-Ordner. Der überquellende Posteingang ist für viele Menschen zum Synonym für die Überlastung im Arbeitsalltag geworden. Warum? Ähnlich einem überladenen Eingangskörbchen tragen im Posteingang verbliebene E-Mails in keiner Weise zur Übersicht bei. Ganz im Gegenteil. Unbewusst signalisiert ein volles Eingangsfach: Hier türmt sich viel mehr Arbeit, als bewältigt werden kann. Das führt schnell zu Frustration.

Daher empfehle ich: Leeren Sie Ihr Postfach. Notfalls einfach, indem Sie den aufgelaufenen Bestand nach Datum oder auch nach Absender »zwischenarchivieren«. Das heißt: Erstellen Sie Ablageordner, denen die lagernden E-Mails ganz einfach zugeordnet werden können. Die Suchfunktionen greifen auch dann, solange die Elemente im Postfach verbleiben (im Gegensatz zum Auslagern aus dem Postfach, siehe Seite 41).

Das Postfach leeren

Schauen Sie sich Ihre »Dauergäste« einmal genauer an und fragen Sie sich: Warum liegen die überhaupt noch hier?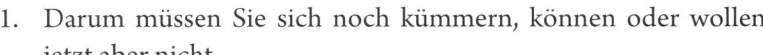

Meist lassen sich die Gründe dafür auf diese vier Punkte eingrenzen:

1. Darum müssen Sie sich noch kümmern, können oder wollen jetzt aber nicht.

2. Das brauchen Sie vielleicht noch, wissen aber nicht, wohin damit.

3. Sie wissen nicht, ob das wichtig sein könnte.

4. Sie müssen Rücksprache halten.

Kontrollieren Sie Ihre Dauergäste einmal daraufhin, was davon auf sie zutrifft.

Manchmal fehlen einfach zwei oder drei Ordner. Mir fehlte beispielsweise ein »Info«-Ordner, in dem ich jetzt interessante Newsletter ablege. Aber: Alles, was älter als fünf Wochen ist, wird gnadenlos gelöscht! Also, wenn Sie einen bestimmten Ordner vermissen, legen Sie ihn an. Verschieben Sie geöffnete E-Mails am besten gleich mit der direkten Schaltfläche in den entsprechenden Ordner.

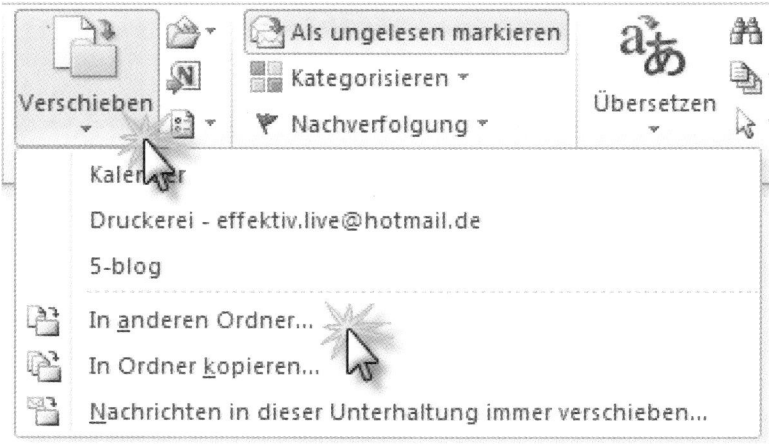

Abbildung 4: E-Mails direkt in einen Ordner verschieben in Microsoft Outlook 2010

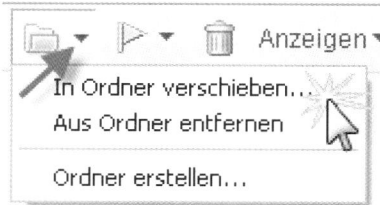

Abbildung 5: E-Mails direkt in einen Ordner verschieben in Lotus Notes

E-Mail-Ordner kreativ benennen

Scheuen Sie sich nicht, Ihre Ordner flexibel oder lustig zu benennen. Wichtig ist die Trennschärfe der Begriffe. Hier einige Ideen:

➤ Mach mich fertig (zu bearbeiten),

➤ alle 3 Wochen leeren,

➤ in Lauerstellung (pending),

➤ irgendwann lesen (Dinge, die nicht ganz so wichtig sind),

➤ beim Jour fixe besprechen.

Die regulären Ordnernamen folgen den festgelegten Kriterien des Ordnerplans (siehe Seite 148), so Sie einen führen. Falls nicht, nehmen Sie am besten die Begriffe, die Sie auch auf den Rücken Ihrer Papierordner verwenden, und/oder legen Sie einen ganz einfachen Ablagewortschatz an (siehe Seite 154).

Wenn Sie die Ordner sinnvoll angelegt und benannt haben, kommt – ein einziges Mal – eine Herkulesaufgabe: Leeren Sie Ihren Posteingang Schritt für Schritt komplett. Ja, komplett! Das erprobte

Vorgehen: Fangen Sie ganz unten, bei der ältesten E-Mail an. Stellen Sie jetzt bei jeder E-Mail die Frage: Warum bist du hier? Falls es kein Fall für den Papierkorb ist, steckt sicher einer der oben genannten vier Gründe dahinter. Dann kommen die nächsten Schritte dazu:

1. Wiedervorlage oder Aufgabe daraus machen und die E-Mail in den entsprechenden Ordner legen.

2. Entweder passenden Ordner erstellen oder in »Wartet«-Ordner verschieben.

3. Nachfragen oder »Wartet«-Ordner nutzen.

4. In den Ordner »Rücksprache mit X« verschieben.

Es gibt ab sofort absolut keinen Grund mehr, eine E-Mail, nachdem sie gelesen ist, im Posteingang zu belassen!

Gönnen Sie sich das Erlebnis des gänzlich geleerten Postfachs. Denn etwas ist erstaunlich: Die gefühlte Menge der eintreffenden E-Mails sinkt rapide, wenn nur noch die gerade eingetroffenen E-Mails im Posteingang liegen. So lässt sich auch das Direkt-Prinzip leicht durchhalten. Das heißt: Nehmen Sie jede E-Mail nur einmal in die Hand. Treffen Sie sofort die Entscheidung über den nächsten zu unternehmenden Schritt.

Methoden der E-Mail-Verarbeitung

Die möglichen Aktionen bei der Verarbeitung von E-Mails sind überschaubar:

➤ Löschen,

➤ sofort erledigen und löschen,

➤ weiterleiten und den Eingang löschen (die Weiterleitung liegt ja im »Gesendet«-Ordner, diese gegebenenfalls in den passenden Ordner verschieben),

➤ beantworten und den Eingang löschen,

➤ Wiedervorlage/Nachverfolgung und in passenden Ordner verschieben,

➤ Aufgabe daraus machen und in passenden Ordner verschieben,

➤ wenn nichts zu unternehmen ist, in passenden Ordner verschieben.

Gewöhnen Sie sich Entscheidungsfreude an. Eine Nachricht bleibt nur dann im Posteingang, wenn sie ganz sicher heute noch bearbeitet wird.

Blockabfertigung für E-Mails

Wie bereits erwähnt, erledigen Sie Ihre E-Mails nicht nebenher, sondern machen Sie einen festen Arbeitsblock daraus. Deaktivieren Sie danach die Benachrichtigung über neu eingetroffene E-Mails (Anleitung unter Tipps zur Stillen Stunde, Seite 199), denn schon das Aufblinken am Bildschirmrand zieht unnütz Aufmerksamkeit ab, viel mehr noch ein Klingelton. Ausnahme: Sie arbeiten in der Kundenbetreuung, und schnelle Antwortzeiten sind das Hauptkriterium Ihrer Aufgabe.

Suchfunktion statt Ablage

Immer wieder höre ich gegenteilige Meinungen zum beschriebenen Vorgehen: »Ich lasse alles im Posteingang, über die Suchfunktion finde ich jede E-Mail schnell wieder. So spare ich mir einerseits den Ablage-Aufwand, andererseits das Suchen in verschiedenen Ordnern. Ich sehe den Vorteil des Ablegens und Ordnens nicht!« Nun, viele Wege führen zum Ziel. Wenn Ihre Methode in angemessener Zeit zum gewünschten Ergebnis führt und weder Sie noch andere nervt, gibt es für Sie keinen Handlungsbedarf. Die Suchfunktionen sind inzwischen wirklich gut und schnell geworden. Auch die Möglichkeiten, E-Mails gebündelt in Unterhaltungen (Outlook) oder Konversationen (Lotus Notes) anzuzeigen, hilft bei der Orientierung.

Outlook bietet beispielsweise Suchordner an, die eine Suchanfrage speichern und bei Aktivierung eine aktuelle Liste der Dokumente zeigen (Verknüpfungen zu den Nachrichten). Damit lassen sich verschiedene »Sichten« der vorhandenen E-Mails erzeugen (zu den Sichten siehe DMS, Seite 165). Sehr komfortabel ist das Menüband »Suchtools«, das erscheint, wenn Sie in Outlook 2010 in das Suchfenster oberhalb des Posteingangs klicken.

Abbildung 6: Suchtools in Outlook 2010

Beispiel für eine Suche: Sie haben alle Unterlagen nach Projektnummern geordnet. Jetzt wüssten Sie gerne, was alles mit Firma Mustermax besprochen wurde. Erstellen Sie einen Suchordner (in der Ordnerliste unten, rechter Mausklick, »Neuer Suchordner«) mit den Kriterien *von/an Domainname*. Achten Sie gleich im ersten Fenster sorgfältig auf den zu durchsuchenden Ort. Sie können in verschiedenen Postfächern und sogar in Outlook-Datendateien suchen. Sie erhalten dann eine Liste aller E-Mails, die aus dem gefragten Haus kamen oder von Ihnen dorthin geschickt wurden.

E-Mail-Management in Outlook 2010

Ich beschränke mich hier darauf, einige Funktionen zu zeigen, die im Arbeitsalltag Entlastung bringen können. Das Schreiben einer E-Mail werde ich hier nicht von Anfang an erläutern. Lediglich die QuickSteps, die in der Outlook-Version 2010 neu dazu gekommen sind, erläutere ich ausführlicher. Alle anderen Funktionen, die hier erwähnt werden, sind schon seit der Version 2003 vorhanden.

QuickSteps in Outlook

Mit einem QuickStep können Sie mit einem Klick ein ganzes Bündel von Aufgaben erledigen – natürlich bevorzugt solche, die immer wiederkehren. Im Gegensatz zu den Regeln wird diese Aktion aktiv über einen Klick ausgelöst. Das hilft, die Kontrolle zu behalten. Erhalten Sie beispielsweise regelmäßig Post, die stets mit ein paar netten Worten an einen bestimmten Empfängerkreis weitergegeben werden muss? Legen Sie einen QuickStep dafür an, dann ist diese Sache zukünftig mit zwei Klicks getan.

QuickStep einrichten

Exemplarisch stelle ich hier folgende Situation dar: An einem fiktiven Arbeitsplatz werden Aufträge an eine Druckerei vergeben. Darauf versendet die Druckerei per E-Mail eine Bestellbestätigung. Diese muss im Normalfall nicht weiter beachtet werden, es sei denn, mit dem Auftrag läuft etwas nicht planmäßig. Um diese Bestätigung mit einem Klick zu »versorgen«, eignet sich ein QuickStep hervorragend: Mit nur einem Klick wird die eingehende E-Mail als gelesen markiert, kategorisiert und verschoben.

So gehen Sie vor:

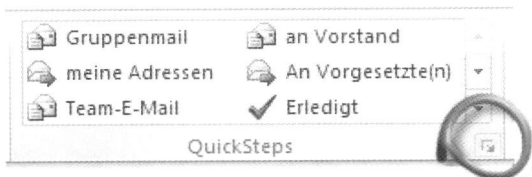

Abbildung 7: Launcher für QuickSteps

Öffnen Sie das Dialogfenster »QuickSteps« durch einen Klick auf den »Launcher«.

Die in Abbildung 7 markierte kleine Schaltfläche an der rechten unteren Ecke trägt die deutsche Bezeichnung »Aktivierungsschaltfläche für Dialogfenster«. Die englische und sich durchsetzende Bezeichnung lautet »Launcher«. Die Aktivierungsschaltfläche/der Launcher findet sich in vielen Gruppen und bringt lange gesuchte Funktionen zum Vorschein. Wann immer Sie dieses kleine Quadrat mit Pfeil sehen: einmal darauf klicken und einen Blick hineinwerfen.

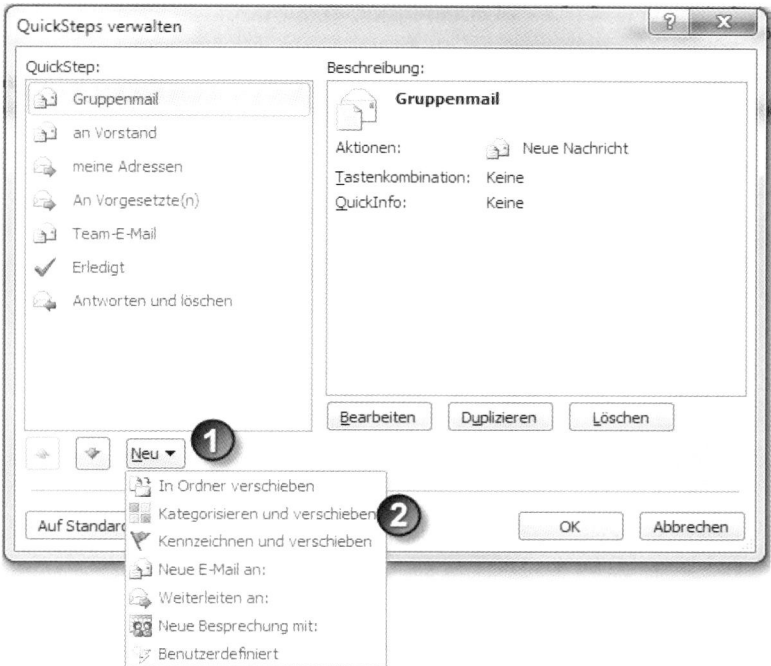

Abbildung 8: Neuen QuickStep erstellen

(**1**) Klicken Sie auf die Schaltfläche »Neu« und wählen Sie – für unser Beispiel – »Kategorisieren und verschieben« (**2**). Der nächste Schritt ist das Einrichten des QuickSteps. Wählen Sie (**3**) einen aussagekräftigen Namen, und weisen Sie (**4**) den Zielordner sowie (**5**) die zu vergebende Kategorie zu. Sie können auch einen Ordner eines anderen Postfachs wählen, auf das Sie Zugriff haben. Das ist im Vertretungsfall sehr nützlich. Beenden Sie den Vorgang, indem Sie auf »Fertig stellen« klicken. Danach sehen Sie Ihren neu angelegten QuickStep im Dialogfenster »QuickSteps verwalten«. Durch Klick auf die Schaltfläche »Bearbeiten« können Sie Korrekturen vornehmen oder weitere Aktionen hinzufügen (**6**).

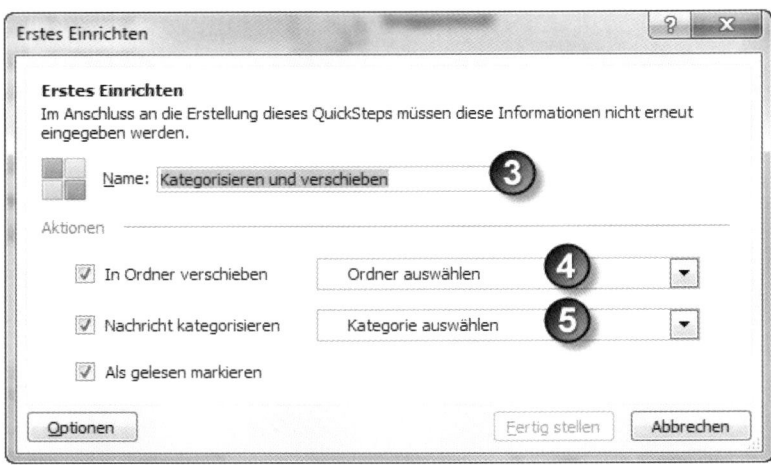

Abbildung 9: QuickStep einrichten

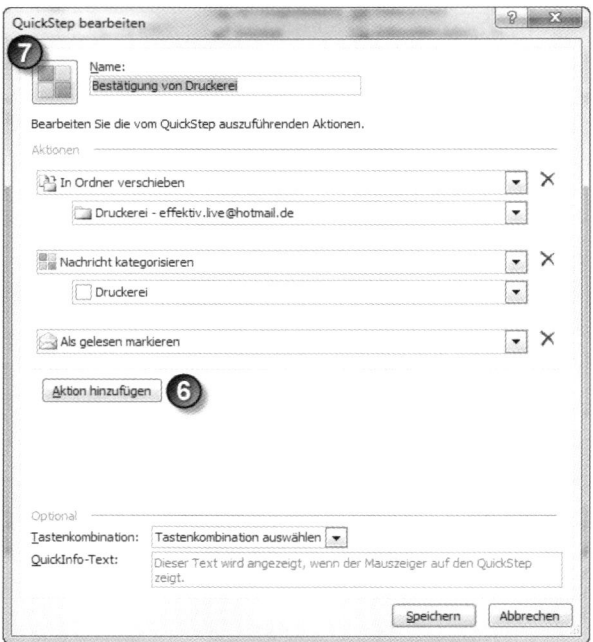

Abbildung 10: QuickStep bearbeiten

Durch einen einfachen Klick auf das Symbol (**7**) können Sie dem QuickStep ein passendes Zeichen zuordnen.

Ein neuer QuickStep wird im Menüband »Start« im Fenster zuoberst angezeigt.

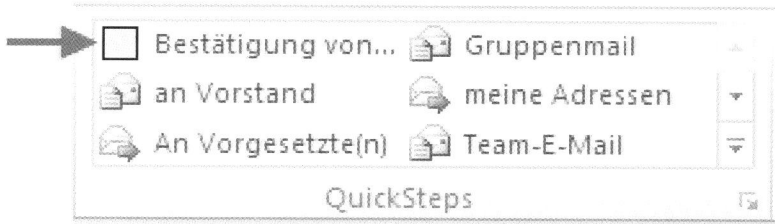

Abbildung 11: QuickStep-Gruppe

Abbildung 12: Optionen für neue E-Mails aus QuickSteps

QuickSteps, die neue E-Mails erzeugen (auch »Antworten, »Weiterleiten«), können schon komplett mit Betreff und Text vorbereitet werden. Wenn Sie die Schaltfläche »Optionen« anklicken, erscheint ein Fenster wie in Abbildung 12. Dort betätigen Sie den blau gekennzeichneten Link »Optionen anzeigen«. Im dann erweiterten Fenster finden Sie Eingabemöglichkeiten für Betreff und Nachrichtentext sowie für CC und BCC.

Vorlagen erstellen

In vielen Fällen können Sie statt einer Vorlage einen QuickStep verwenden. (*Neue E-Mail an:* → *Optionen* → *Optionen anzeigen*). Dieser ist – im Gegensatz zu den Vorlagen – im Outlook-Menü gut sichtbar. Allerdings können Sie Nachrichtentext im QuickStep nicht mit Formatierungen oder Grafiken ablegen. Wenn es darauf ankommt, brauchen Sie eine Vorlage.

So gehen Sie vor:

➤ Erstellen Sie die E-Mail.

➤ Anstatt sie zu versenden, klicken Sie auf Datei speichern unter → Dateityp: Outlook-Nachrichtenformat.

➤ Wählen Sie einen Speicherort auf Ihrem Server.

Nun können Sie entweder aus dem Explorer heraus die vorbereitete Nachricht öffnen und versenden oder Sie legen sich auf der Verknüpfungsleiste einen Direktzugang an. Wie das genau geht, erfahren Sie im Abschnitt »Verknüpfungen nutzen«.

Regeln erstellen

Regeln funktionieren im Gegensatz zu den QuickSteps ganz unbemerkt im Hintergrund. Sie können ein- oder ausgeschaltet werden. Von der Aktivität sehen Sie nur das Ergebnis. Regeln eignen sich für Aktionen, die vollautomatisch ablaufen sollen. zum Beispiel das Verschieben von Newslettern in einen Info-Ordner:

➤ Wenn ein Newsletter ankommt, rechts anklicken oder die Schaltfläche »Regeln« in der Gruppe »Verschieben« betätigen.

> ➤ Wählen Sie das passende Kriterium und den Zielordner aus.

> ➤ Unter »Regeln verwalten« können Sie gegebenenfalls die Regel deaktivieren.

Abbildung 13: Regeln in Outlook 2010

Verknüpfungen nutzen

Oft ist die Ordnerliste links neben dem Posteingang sehr voll. Neben den eigenen Ordnern (Posteingang, Unterordner, Kalender, Aufgaben ...) sehen Sie dort auch die Ordner von Personen, auf deren Postfach Sie Zugriffsrechte haben. Zudem wäre es auch schön, aus Outlook heraus direkt Zugriff auf Ordner oder Dateien zu haben, die auf dem Server abgelegt sind.

Sie können sich ganz leicht eine zu Ihren Anforderungen passende Leiste erstellen und dann vorwiegend in dieser arbeiten. Dazu verknüpfen Sie die Ordner (sowohl Outlook-Ordner als auch Ablageordner, die auf dem Server liegen) mit Ihrer Verknüpfungsleiste und können künftig von dieser aus arbeiten.

Wenn Sie auf die in Abbildung 14 markierte kleine Schaltfläche klicken, erhalten Sie ein leeres Feld – nur oben steht »Verknüpfungen«. Klicken Sie dort mit der rechten Maustaste, dann können Sie aus mehreren Optionen wählen. Sie können hier die Outlook-Ordner verknüpfen, die Sie am häufigsten benötigen und sich einen Direktzugang zu anderen Dateien – zum Beispiel Vorlagen, die auf dem Server liegen – schaffen. Hierfür ist ein ganz kleiner Kunstgriff nötig: Erstellen Sie zuerst eine neue Verknüpfungsgruppe – zum Beispiel »Vorlagen«. Reduzieren Sie nun das Outlook-Fenster und öffnen Sie daneben ein Explorer-Fenster, in dem die Datei (oder der Ordner) sichtbar ist, auf die Sie künftig zugreifen möchten. Klicken Sie nun das Objekt an und ziehen Sie es auf den Titel der neu erstellten Gruppe. Fertig! Nun können Sie mit einem Klick auf die Datei (den Ordner) zugreifen.

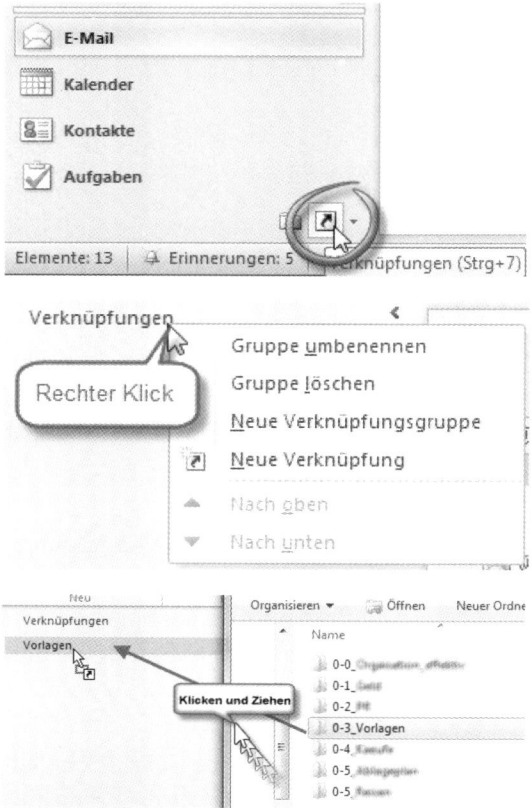

Abbildung 14: Verknüpfungen in Outlook erstellen

Optionen beim Senden

Hier möchte ich einige Funktionen des Menübandes »Optionen« zeigen, die beim Senden von E-Mails nützlich sind.

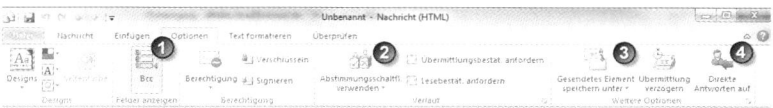

Abbildung 15: Optionen beim Senden

(**1**) Das BCC-Feld steht für »Blind Carbon Copy« und wird dann verwendet, wenn jemand eine Kopie der E-Mail erhalten soll, dessen Adresse den anderen Empfängern jedoch nicht bekannt werden soll. Besonders geeignet ist diese Möglichkeit beim Versand von Newslettern oder von E-Mails an Empfängergruppen, deren Mitglieder sich nicht kennen (sollen).

(**2**) Abstimmungsschaltflächen: Diese gibt es schon seit Outlook 2002, sie waren bislang aber sehr versteckt. Es ist ein wirklich wirksames Werkzeug, wenn Sie eine geschlossene Frage an einen Personenkreis stellen wollen. Sie erhalten eine Statusseite mit allen Antworten, ähnlich wie bei einer Besprechungsanfrage. Wie das genau gemacht wird, erfahren Sie im Abschnitt »Umfragen erstellen«.

(**3**) Unter »Weitere Optionen« können Sie angeben, wo Ihre gesendete E-Mail abgelegt werden soll. Es ist sinnvoll, schon beim Verfassen einer E-Mail festzulegen, wo diese im Anschluss gespeichert werden soll. Denn wenn Sie die E-Mail schreiben, wissen Sie bereits, ob diese wichtig ist oder nicht. Wenn Sie diese Funktion konsequent nutzen, können Sie abends Ihre »Gesendeten Objekte« einfach löschen, weil alle relevanten E-Mails schon entsprechend abgelegt sind. Die Option »Übermittlung verzögern« kann zum Beispiel für Geburtstagsgrüße hilfreich sein.

(4) »Direkte Antworten auf« bedeutet, dass beim Klick auf die »Antworten«-Schaltfläche nicht der Verfasser die Antwort erhält, sondern eine zu bestimmende Person. Nützlich ist diese Funktion zum Beispiel vor der Urlaubszeit oder wenn Sie im Auftrag einer anderen Person schreiben, in deren Postfach die Antworten ankommen sollen.

Umfragen erstellen

Die Abstimmungsschaltflächen in den Sendeoptionen sind sehr nützlich, wenn Sie an eine Personengruppe eine Frage mit einigen Antwortmöglichkeiten senden wollen, beispielsweise ein Vorab-Check welcher Termin am günstigsten ist (siehe auch Terminfindung, Seite 111).

So gehen Sie vor:

➤ Wählen Sie die Empfänger aus.

➤ Aktivieren Sie die Abstimmungsschaltfächen.

➤ Tragen Sie Ihre gewünschten Alternativen ein, trennen Sie die Einträge durch Semikola.

➤ Schließen Sie das Fenster. In Ihrer E-Mail sehen Sie nun die Infozeile »Sie haben Ihrer E-Mail Abstimmungsschaltflächen hinzugefügt«. Schreiben Sie, wenn Sie Outlook 2010 verwenden, bitte »Umfrage« oder »Abstimmung« in die Betreffzeile. Im Gegensatz zu früheren Versionen geschieht das nicht mehr automatisch. Senden Sie wie gewohnt die E-Mail ab.

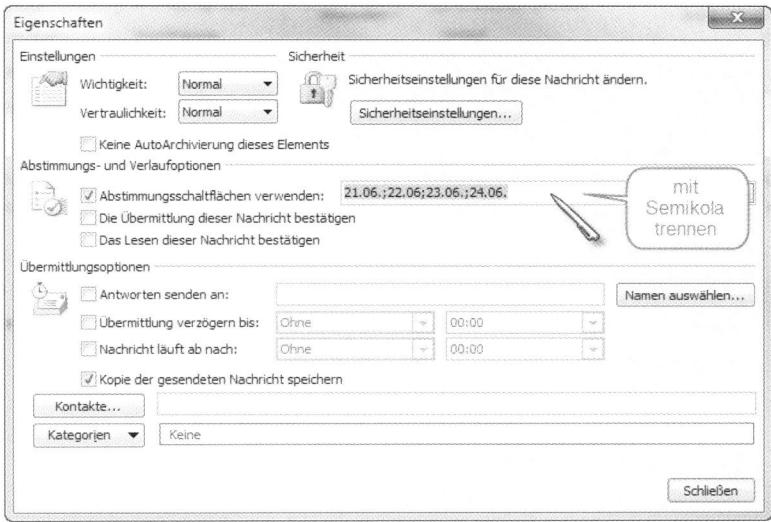

Abbildung 16: Eine Abstimmung erzeugen

> Klicken Sie in der Gruppe »Antworten« oben auf »Abstimmen«, um abzustimmen.

Der Empfänger sieht zum einen eine Infozeile.

Zum anderen ist auf dem Menüband eine zusätzliche Schaltfläche erschienen, die die Auswahl anbietet. Abgestimmt wird durch einfachen Klick.

Danach kann der Empfänger der Frage noch entscheiden, ob er eine Nachricht hinzufügen will (über die Option »Nachricht vor dem Senden bearbeiten«), oder ob die Abstimmung sofort abgeschickt werden soll.

Sie als Sender der Abstimmung erhalten sowohl eine E-Mail mit der Antwort im Betreff als auch – wie bei einer Besprechungseinladung – einen Statusbericht in der gesendeten E-Mail. Wenn Sie die gesendete E-Mail öffnen, finden Sie im Menüband die Schaltfläche »Status«. Dort sind alle Antworten gelistet und in der Kopfzeile zusammengefasst. Die Antwort-E-Mails können also gelöscht werden.

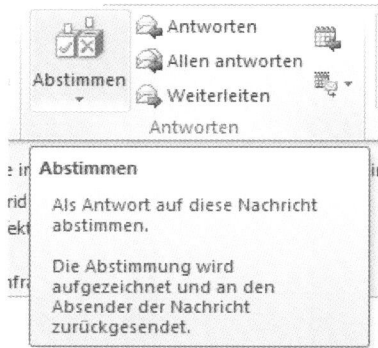

Abbildung 17: Abstimmungsschaltfläche beim Empfänger

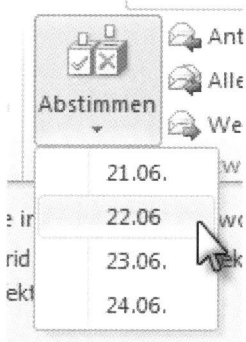

Abbildung 18: Abstimmen per Mausklick

Abbildung 19: Status aufrufen

E-Mails auslagern oder archivieren

Da E-Mails häufig rechtsrelevante Geschäftsvorgänge enthalten, die den Archivierungspflichten unterliegen, kann es in diesem Punkt besondere hausintern Regeln geben. Die hier erläuterten Methoden funktionieren bei allen Outlook-Versionen, auch in Einzelplatzversionen. Fragen Sie im Zweifelsfall Ihren Systemadministrator.

> Wollen Sie Ihren Systemadministrator überraschen und ihm dafür danken, dass an den meisten Tagen die Rechnerlandschaft einwandfrei funktioniert? Immer am letzten Freitag im Juli ist »Sysadmin-Day«. An diesem Tag soll die Arbeit der Systemadministratoren gewürdigt werden. Denn in den meisten Fällen wendet man sich nur an sie, wenn etwas nicht rund läuft. Ist alles bestens gepflegt, nimmt man kaum wahr, wie viel Arbeit dahintersteckt. Vielleicht bringen Sie Ihrem Sysadmin einen Kuchen oder Schokolade mit?

Einzelne E-Mails außerhalb von Outlook ablegen

Wenn Sie bei einem Vorgang nur wenige relevante E-Mails haben, dafür aber viele andere Dateien, bietet es sich an, die E-Mails in dem Ordner auf dem Laufwerk abzulegen, in dem auch die anderen dazugehörigen Dateien gespeichert sind. Dort können dann – je nach Zugriffsberechtigung – auch andere Personen auf die E-Mails zugreifen.

Klicken Sie bei geöffneter E-Mail auf *Datei → Speichern unter → Dateityp: Outlook-Nachrichtenformat*. Als Speicherort geben Sie den entsprechenden Ordner an. Die E-Mail wird mit allen Anlagen gespeichert, das Symbol ist ein Briefumschlag. Aus dem Explorer heraus kann die E-Mail per Doppelklick geöffnet und ganz normal weiterverarbeitet werden. Gleichermaßen lässt sich eine E-Mail auch per Drag-and-drop in den Ablageordner ziehen. Im Postfach kann die E-Mail danach gelöscht werden.

Einen ganzen Ordner exportieren

Um Ihr Postfach zu entlasten, ein Archiv anzulegen, eine Sicherungskopie zu erstellen oder auch um das Postfach auf einen anderen Computer umzuziehen, benutzen Sie die »Exportieren«-Funktion. Diese finden Sie in Outlook 2010 unter *Datei → Öffnen →Importieren* (zugegeben, das ist etwas unlogisch, in den vorigen Versionen hieß der Befehl noch *Importieren/Exportieren*). Es wird eine *.pst-Datei erstellt, die wieder in Outlook als Outlook-Datendatei geöffnet werden muss, um sie lesbar zu machen (über *Datei → Öffnen → Outlook-Datendatei*); ein einfacher Doppelklick im Windows Explorer genügt in diesem Fall nicht. Diese Methode ist auch nur bedingt für Teamarbeit geeignet, denn wenn die Datendatei von einer Person geöffnet ist, kann kein anderer darauf zugreifen. Der gesamte Ordner ist gesperrt. Da sich die Methode aber zur Sicherung und zum Archivieren gut eignet, hier die einzelnen Schritte zum Exportieren im Überblick.

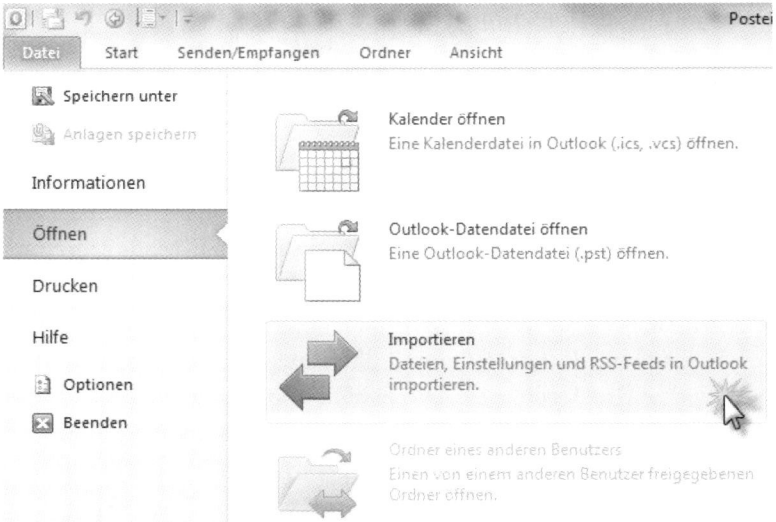

Abbildung 20: Outlook Import/Export

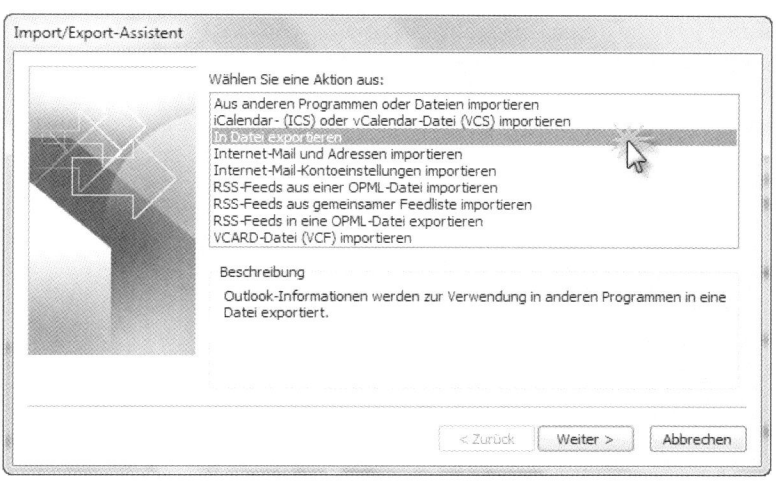

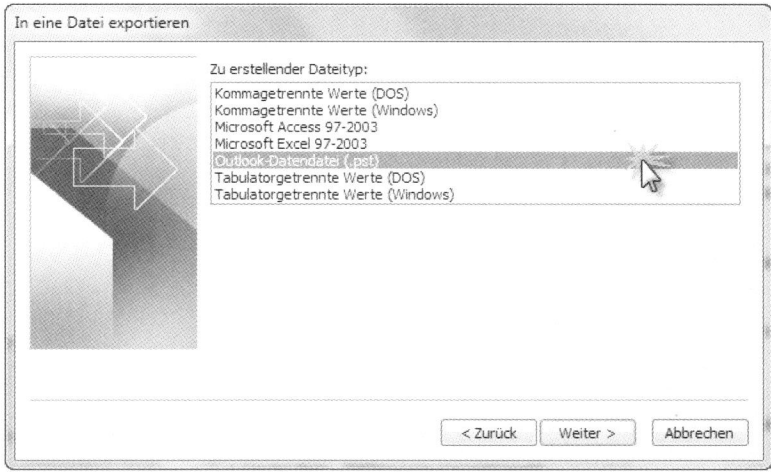

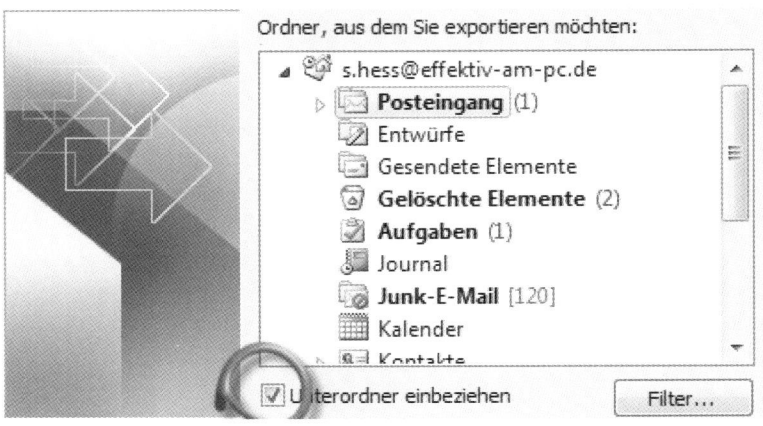

Abbildung 21: Einen Outlook-Ordner exportieren

➤ Schritt 1: Wählen Sie die Aktion »In Datei exportieren«.

➤ Schritt 2: Als Dateityp verwenden Sie die Outlook-Datendatei (.pst).

➤ Schritt 3: Wählen Sie den zu exportierenden Ordner aus. Dabei ist das markierte Kontrollkästchen wichtig, das anzeigt, ob beim Export auch die Unterordner einbezogen werden sollen oder nicht.

➤ Schritt 4: Als Letztes legen Sie den Speicherort und den Namen fest.

Achtung: Outlook geht davon aus, dass Sie auf diese Weise eine Sicherungskopie erstellen wollen, wobei jeweils die ältere durch die neuere ersetzt wird, und schlägt daher immer den zuletzt benutzten Ort und Namen vor. Hier droht die Gefahr, dass Sie den letzten exportierten Ordner versehentlich überschreiben.

Den Ordner wieder aufrufen

Um den exportierten Ordner wieder aufzurufen, gibt es zwei Möglichkeiten: Über »Importieren« holen Sie den Ordner physikalisch in das Postfach hinein – das ist vor allen Dingen sinnvoll beim Umzug auf einen anderen PC. Haben Sie den Ordner aber abgelegt, um Ihr Postfach zu entlasten, wollen Sie später ja normalerweise nur hineinschauen und gegebenenfalls etwas herauskopieren, aber nicht das ganze Datenvolumen wieder im Postfach haben. In diesem Fall gehen Sie so vor: Über *Datei → Öffnen → Outlook-Datendatei* gehen Sie an den Speicherort und öffnen die Datei. Sie erscheint danach unten in Ihrer Ordnerliste. Falls Sie einen Unterordner ausgelagert haben, bringt er seine übergeordnete Struktur wieder mit. Die in dem so geöffneten Ordner vorhandenen E-Mails können ganz normal bearbeitet werden. Wenn die Datendatei nicht mehr benötigt wird: Rechtsklick und schließen. Sie ist dann in der Ordnerliste nicht mehr sichtbar, aber nach wie vor am Speicherort vorhanden.

E-Mail-Management in Lotus Notes 8.5

Posteingang gestalten

Aus der Flut der Nachrichten die wirklich relevanten herauszufiltern, wird immer schwieriger. In Lotus Notes können Sie mit Farben für Übersicht sorgen: Im Menü *Aktionen → Mehr → Vorgaben: Reiter Absenderfarben* finden Sie das Dialogfenster auf der folgenden Seite.

Hier können Sie in Ihrem Posteingangsordner sich die E-Mails nach Absender farblich unterschieden anzeigen lassen. Es gibt sehr viel mehr Einstellungsmöglichkeiten, als sinnvoll sind. Beschränken Sie sich auf einige wenige. Wählen Sie die Farbe des Textes oder des

Hintergrundes. Sinnvoll ist, wenn die Farben aussagekräftig gewählt werden. Z.B: Projektteam gelb, Kunden grün.

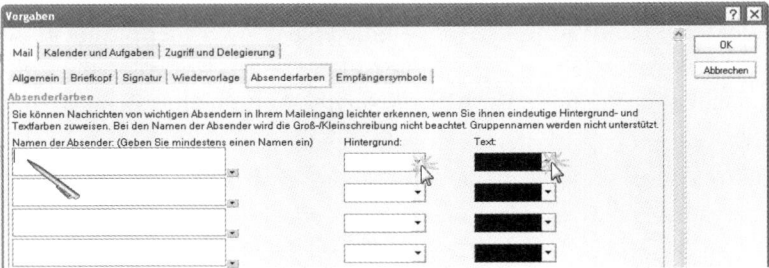

Abbildung 22: Absenderfarben

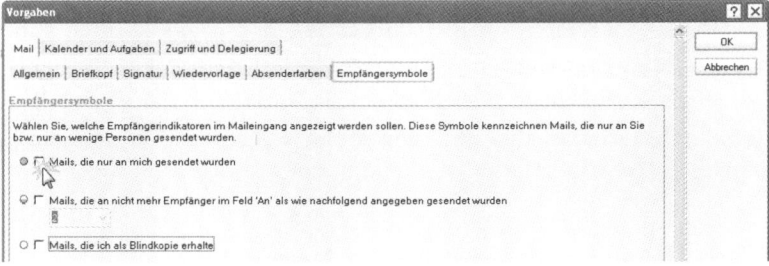

Abbildung 23: Empfängersymbole

Empfängersymbole kennzeichnen die E-Mails, die nur an Sie beziehungsweise an einen kleinen Empfängerkreis gerichtet sind. Das kann nützlich sein für eine schnelle Übersicht.

QuickRules einsetzen

Eine schnelle und praktische Möglichkeit sind QuickRules: Wählen Sie dazu in der markierten E-Mail den Drop-down-Pfeil rechts neben »Mehr«.

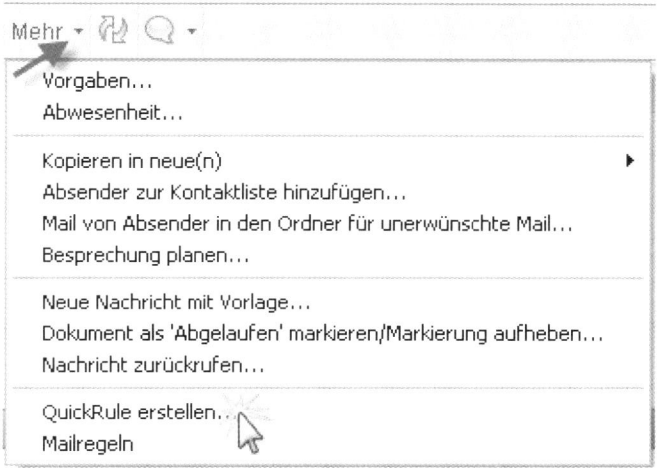

Abbildung 24: QuickRule erstellen

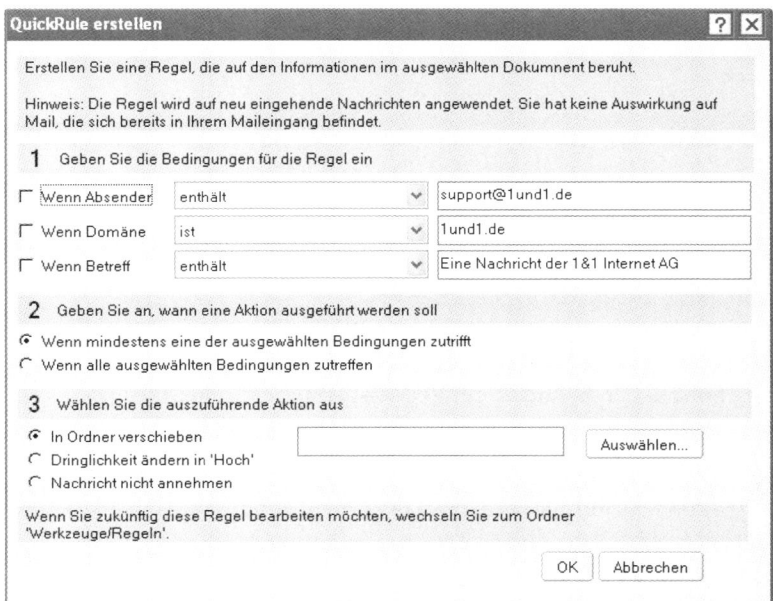

Abbildung 25: Details QuickRule

Ich nutze QuickRules zum Beispiel, um Newsletter, die durchaus nützliche Informationen beinhalten können, direkt in einen Info-Ordner zu verschieben. Diesen sehe ich gelegentlich – in Phasen geringer Energie oder während einer kurzen Wartezeit – durch. Alles, was älter als fünf Wochen ist, wird allerdings ungesehen gelöscht. Die große Schwester der QuickRule ist die Regel.

Regeln erstellen

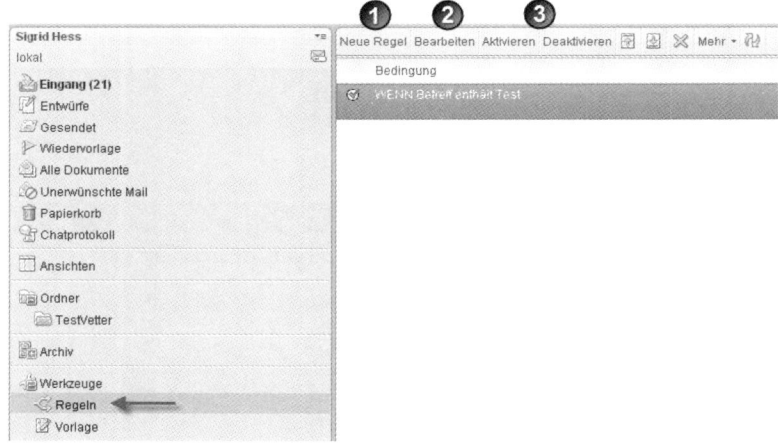

Abbildung 26: Regeln in Lotus Notes

(**1**) Hier haben Sie noch einige Möglichkeiten mehr, um Bedingungen und Ausnahmen zu definieren. (**2**) Bestehende Regeln können jederzeit bearbeitet werden. Probieren Sie einfach aus, was für Ihren Arbeitsalltag sinnvoll ist. (**3**) Es lohnt sich auch, Regeln für Urlaubszeiten zu erstellen, diese können Sie dann schnell mit einem Klick aktivieren oder deaktivieren.

Vorlagen für Routine-E-Mails

Abbildung 27: E-Mail-Vorlage in Lotus Notes

Wenn Sie häufiger gleiche Nachrichten verfassen oder auch an den gleichen Empfängerkreis schicken, lohnt sich die Erstellung einer E-Mail-Vorlage. Klicken Sie dazu im Navigator auf: *Werkzeuge → Vorlage*. Wählen Sie dann »Neue Vorlage« und erstellen Sie diese wie eine normale E-Mail. Klicken Sie dann auf »Speichern« und vergeben Sie einen Namen. Noch einfacher erstellen Sie die Vorlage aus einer bestehenden E-Mail. Einfach in der geöffneten E-Mail *Mehr → Als Vorlage speichern* wählen, Namen vergeben, fertig.

Zustelloptionen einrichten

Hier möchte ich besonders auf eine nützliche Option hinweisen, wenn bei Ihnen vertrauliche Informationen gesendet werden, von denen Sie nicht möchten, dass der Empfänger diese weitergibt. Setzen Sie dazu einfach ein Häkchen bei »Keine Kopie zulassen«. Das Dialogfenster Zustelloptionen bietet noch eine Reihe weiterer interessanter Funktionen. Z.B. können Sie angeben, wenn Sie auf Mitteilungen des Abwesenheitsagenten verzichten möchten.

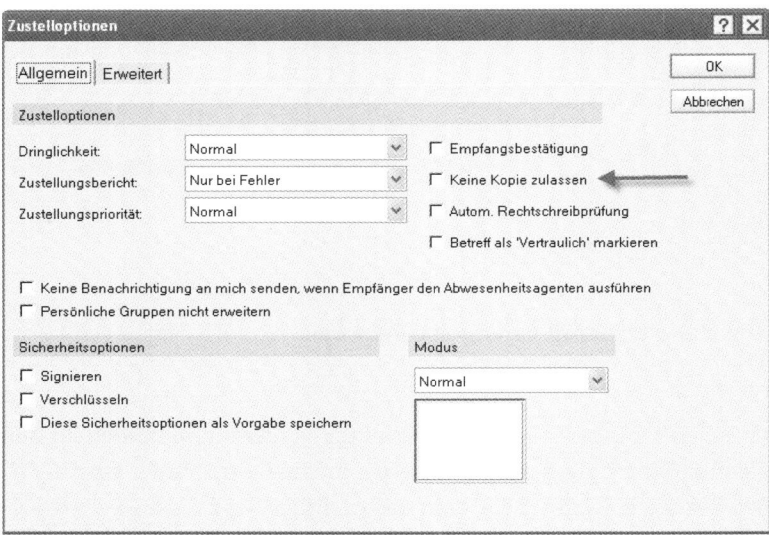

Abbildung 28: Keine Kopie zulassen

E-Mails außerhalb von Lotus Notes speichern

Wenn Sie E-Mails außerhalb Ihres Postfaches ablegen wollen, klicken Sie bei geöffneter Datei: *Datei* → *Speichern unter* und wählen als Dateityp Lotus-Notes-Mailnachricht (*.eml). Anschließend müssen Sie noch den Zielordner festlegen und bestätigen. Dieses Vorgehen eignet sich für einzelne Mails. Wollen Sie ganze Ordner auslagern, sprechen Sie bitte mit Ihrem Systemadministrator.

4. Termine und Aufgaben verwalten

Nur noch selten werden heute papierhafte Zeitplansysteme verwendet, auch Tischkalender sieht man immer seltener. Termine und Aufgaben befinden sich heutzutage in digitaler Form in Outlook oder Lotus Notes und mobil auf dem Smartphone. Allenfalls druckt man hin und wieder eine Wochenübersicht aus, um einen Überblick während einer Besprechung zur Hand zu haben. Daher wird in diesem Kapitel der Schwerpunkt bei der Termin- und Aufgabenverwaltung auf der Nutzung der Möglichkeiten von Outlook 2010 und Lotus Notes 8.5 liegen.

Dabei tun sich zunächst einige Fragen auf: Was ist überhaupt ein Termin? Ist er das Gleiche wie eine Besprechung? Wenn eine Aufgabe zu einem bestimmten Zeitpunkt fertig sein muss, hat dann die Aufgabe einen Termin? Kann eine E-Mail einen Termin haben? Und was ist mit den Dingen, die in der »Terminmappe« liegen? Sie sehen, die Begriffe sind keineswegs trennscharf. Hier möchte ich definieren:

➤ **Termin:** ein Eintrag im Kalender.

➤ **Besprechung**: Es wird mindestens eine weitere Person eingeladen. Es gibt für Beginn und Ende eine festgelegte Uhrzeit.

➤ **Aufgabe**: Etwas muss getan werden und bis zu einem bestimmten Zeitpunkt fertig sein.

➤ **Erinnerung**: ein Eintrag im Kalender ohne Zeitraum, jedoch mit Erinnerungsmeldung. Die Erinnerung kann auch mit einem Termin, einer Besprechung, einer Aufgabe oder einer E-Mail verknüpft sein.

➤ **Wiedervorlage**: So heißt eine schwarze Mappe oder eine gekennzeichnete E-Mail in Lotus Notes (Nachverfolgung in Outlook) oder eine nicht genauer definierte Anweisung (gerne ein großes W auf einem Blatt Papier). Es bedeutet lediglich: »Damit muss zu einem bestimmten Zeitpunkt etwas gemacht werden«. Hier gilt es, das Wann und das Was genau zu fassen. Mehr dazu unter Dynamische Ablage, Seite 139.

Termine vereinbaren

Geht es »nur« um Termine einer einzelnen Person oder um Termine für eine Führungskraft oder um Termine für ein ganzes Team oder um komplett zu planende Routen für Außendienstmitarbeiter? Das Thema Termine ist schier unerschöpflich.

Gleich vorweg: Es muss eine ganz klare Kalenderhoheit geben. Wer trägt welche Termine wo ein? Das muss unbedingt geklärt sein. Personen ohne Kalenderhoheit vergeben Termine bitte nur unter Vorbehalt! Das ist im Zeitalter der Smartphones leichter gesagt als getan. Trotzdem: Der Ärger ist vorprogrammiert, wenn ein Teammitglied unterwegs Termine einbucht, gleichzeitig aber die Führungskraft (oder die Assistenz) im Büro genau dasselbe tut. Es ist keineswegs übertrieben, im Team ganz klar zu regeln, wer welche Termine verbindlich buchen darf.

Planen Sie bei allen Terminen immer etwas Pufferzeit davor und danach ein. 15 Minuten für hausinterne Termine sollten es mindestens sein. Schon alleine das Einpacken der benötigten Unterlagen und der Weg zum Besprechungszimmer braucht dieses Zeitfenster. Vermeiden Sie es wenn möglich, einen Termin noch dazwischen zu quetschen, denn damit ist niemandem gedient. In einen Arbeitstag passt eben nur eine bestimmte Anzahl an Terminen. Daran ist nichts zu ändern. Wichtig ist, dass Sie die Prioritäten für die Termine richtig setzen.

Die Alpen-Technik für Termine und Aufgaben

Abbildung 29: Die Alpen-Technik

Die bewährte Alpen-Technik stammt aus den Anfängen des Zeitmanagements, als zuerst Checklisten, dann To-do-Listen und dann die ledergebundenen Zeitplansysteme in Mode kamen. Das Ziel war, den Tag optimal durchzuplanen und für jede Aufgabe das passende Zeitfenster zu definieren. Mit der Alpen-Technik sollte das klappen. Die Alpen stehen für:

➤ A – Alles aufschreiben

➤ L – Länge bestimmen

➤ P – Pufferzeiten einplanen

➤ E – Entscheidung treffen

➤ N – Nachverfolgen

Aber kann man in unserer schnelllebigen Arbeitswelt damit noch Erfolg haben? Haben sich nicht, bis man fertig aufgeschrieben hat, die Parameter bereits verändert? Und was geschieht mit den nicht erledigten Dingen?·

Das Aufschreiben ist nach wie vor sinnvoll und notwendig. Benutzen Sie dafür ein fest gebundenes Notizbuch (siehe »Office-Tagebuch«, Seite 193) oder die Aufgabenfunktion Ihres E-Mail-Programms oder eine Mischung aus beidem. Versuchen Sie, die Dauer von Terminen und Aufgaben realistisch zu planen. Im Folgenden ist die Alpen-Technik einmal für Kalender und einmal für Aufgaben kommentiert.

Aktion	für Kalender
A – Alles aufschreiben	Notieren Sie alle anfallenden Termine – auch die mit sich selbst.
L – Länge bestimmen	Akzeptieren Sie keine Besprechung ohne Endtermin.
P – Pufferzeiten einplanen	Schlagen Sie sofort beim Eintragen die Wegezeiten auf.
E – Entscheidung treffen	Sagen Sie Termine/Besprechungen, die zu viel sind, rechtzeitig ab.
N – Nachverfolgen	Prüfen Sie die Pünktlichkeit der Besprechungen und intervenieren Sie gegebenenfalls.

Aktion	für Aufgaben
A – Alles aufschreiben	Notieren Sie alles, was Sie nicht sofort erledigen können.
L – Länge bestimmen	Planen Sie immer eine halbe Stunde mehr ein, als Sie vermutlich brauchen. Das ist die wichtigste Stressvermeidung.
P – Pufferzeiten einplanen	Wenn ein Abgabetermin für die Arbeit ansteht: Tragen Sie diesen einen oder zwei Tage vorher ein.
E – Entscheidung treffen	Entscheiden Sie proaktiv, was Sie wann tun.
N – Nachverfolgen	Dokumentieren Sie Ihre Arbeit. Haken Sie gegebenenfalls bei delegierten Aufgaben nach.

Die Eisenhower-Methode

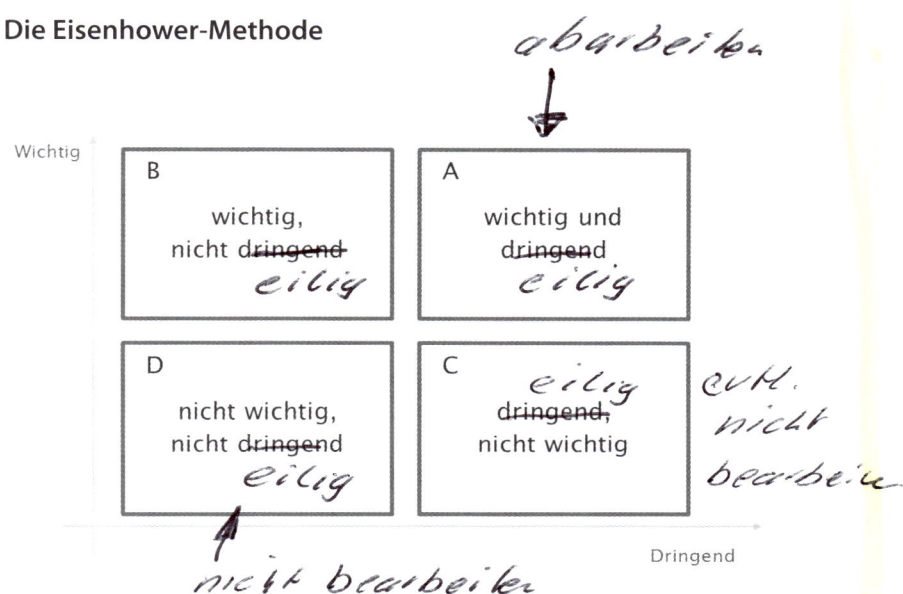

abarbeiten

Wichtig

B	A
wichtig, nicht ~~dringend~~ *eilig*	wichtig und ~~dringend~~ *eilig*
D	C
nicht wichtig, nicht ~~dringend~~ *eilig*	*eilig* ~~dringend,~~ nicht wichtig *evtl. nicht bearbeiten*

nicht bearbeiten

Dringend

Abbildung 30: Eisenhower-Matrix

Was müssen Sie mit hoher Priorität erledigen und was kann warten? Was kann jemand anderes machen und was dürfen Sie keinesfalls aus dem Blick verlieren? Welche Aufgabe ist einfach zu viel? An jedem Arbeitsplatz müssen diese Fragen beantwortet werden. Eine bewährte Entscheidungshilfe bietet die sogenannte Eisenhower-Matrix. Überlegen Sie für die anstehende Aufgabe, ob sie wichtig oder dringend oder beides ist. Oft höre ich an dieser Stelle: »Ich habe nur wichtige und dringende Aufgaben! Das hier nützt mir nichts.« Ersetzen Sie in diesem Fall doch einmal den Begriff »wichtig« durch die Frage: Wie nachhaltig ist das Ergebnis dieser Arbeit?, und den Begriff »dringend« durch diese Fragen: Gibt es einen spätesten Termin für die Erledigung? Steht dieser bald an? Dann betrachten Sie die Aufgabe, die Sie einzuordnen haben, noch einmal.

Quadrant A in der Eisenhower-Matrix – wichtig und dringend – ist die Feuerwehr: Wenn im Produktionsbetrieb etwas schiefläuft und ein Produktionsausfall droht, dann ist sofortiges Handeln angesagt. Alle anderen Aufgaben müssen warten. Anders sieht es im Quadranten B aus, zum Beispiel bei der Konzeption einer neuen Internetseite: Ist keine Vorstandssitzung terminiert, bei der das Ergebnis vorliegen soll, ist gar kein Endtermin für dieses Projekt vorhanden. Bis die neue Webseite fertig ist, bleibt eben die alte einfach stehen. Es ist also nicht dringend. Dennoch ist ein zeitgemäßer Internetauftritt für das Unternehmen sehr wichtig. Das Ergebnis der Arbeit ist nachhaltig. Damit die Aufgabe nicht im Alltagsgetriebe untergeht, muss sie terminiert werden. Dringend, aber nicht wichtig – C ist der schwierigste Quadrant. Kann etwas dringend sein, aber nicht wichtig? Ja, insbesondere wenn die Aufgabe getan werden muss, aber nicht zu Ihren Zielen gehört. Dann stellt sich die Frage: Müssen Sie selbst das erledigen? Eisenhower rät hier zum Delegieren. Das ist eine gute Idee, solange jemand da ist, an den man delegieren kann. Aber was macht man in einer Position, in der man die Aufgabe von anderen erhält? Es gibt drei Handlungsalternativen: Sie können Ja sagen, Nein sagen oder verhandeln. Dazu mehr im Abschnitt »Nein sagen ohne Kollateralschäden«, Seite 202. Haben Sie hingegen eine Aufgabe ohne Endtermin, deren Ergebnis nicht nachhaltig ist (Quadrant D), dann belasten Sie bitte weder sich noch andere damit.

Wenn am Ende des Tages noch so viel Arbeit übrig ist

Es ist kein neues Phänomen, fast überall klagen Menschen an Büroarbeitsplätzen über permanente Arbeitsüberlastung, schlechte Planbarkeit und die ständige Verschiebung von Prioritäten und Terminen. »Wenn ich mir morgens um acht einen Tagesplan schreibe, kann ich den um elf in die Tonne treten, weil sich bis dahin alles wieder geändert hat!«, so die Aussage mancher Seminarteilnehmer. Funktioniert das ganze Zeitmanagement gar nicht mehr? Der Verdacht liegt nahe, wenn sogar Deutschlands meistzitierter Zeitmanagement-Experte sein neuestes Werk *Ausgetickt – Abschied vom Zeitmanagement*[2] nennt.

Und nun? Hier will ich Ihnen die technischen Hilfsmittel zum Zeitmanagement vorstellen, die Outlook und Lotus Notes bieten. Ich bin sicher, dass Sie viel Zeit und vor allem auch Nerven sparen, wenn Sie Ihre technischen Helferlein wirklich beherrschen.

Elektronische Kalender pflegen

Technisch ist die Arbeit mit dem Kalender in Outlook oder Lotus Notes überschaubar und wirft nur wenige Fragen auf. Wenn in Ihrem Unternehmen mit Besprechungsanfragen beziehungsweise -einladungen mittels eines Servers gearbeitet wird, sind sicher immer alle Kalender gepflegt.

Überlegen Sie sich gut, ob und wann ein elektronisch erfasster Termin klingeln soll. Prüfen Sie, ob und was genau mit Ihrem Smartphone synchronisiert wird.

Kalenderfunktionen in Outlook 2010

Einen Termin erfassen ist an sich eine Kleinigkeit: Die Tastenkombination STRG + Shift + A oder ein Doppelklick in das Kalenderblatt oder *Neue Elemente* → *Termin*. Stets landen Sie in einem Fenster wie in Abbildung 31. Dort geben Sie den Betreff des Termins ein und den Ort, passen den Zeitraum an und speichern – fertig.

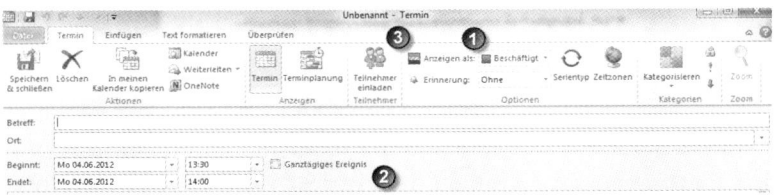

Abbildung 31: Kalendereintrag Outlook 2010

Einige Besonderheiten will ich hier aufgreifen:

(**1**) »Anzeigen als«: In der Regel ist beim Erstellen des Termins die Anzeige auf »Beschäftigt« eingestellt. Das hat Auswirkungen auf Ihre »Frei/Gebucht«-Darstellung, wenn andere Einblick in Ihren Kalender haben. Ausnahme: Wenn Sie einen Termin per Doppelklick in der Monatsansicht erstellen, ist die Standardeinstellung (**2**) »Ganztägiges Ereignis« und wird als »Frei« dargestellt. Ganztägige Ereignisse sind zum Beispiel Geburtstage (Einstellung »Serientyp jährlich«), Jubiläen oder Feiertage. Solche ganztägigen Ereignisse hindern Sie ja nicht unbedingt daran, an diesem Tag andere Termine wahrzunehmen. Wollen Sie diesen Tag für andere Termine blockieren, müssen Sie daher »Beschäftigt« oder »Abwesend« wählen.

Termine können kategorisiert werden, wie alle anderen Outlook-Elemente auch. Die Termine werden in den Übersichten mit der entsprechenden Farbe dargestellt, was ich sehr nützlich finde. Näheres zu den Kategorien finden Sie ab Seite 139.

Als Standard ist eine Erinnerung 15 Minuten vor jedem Termin eingestellt, bei ganztägigen Ereignissen 18 Stunden vorher. Dies ist aber selten eine gute Wahl. Daher schalte ich die Standarderinnerung aus (*Datei → Optionen → Kalender*) und gebe eine Erinnerung händisch

ein, wenn ich sie benötige. Diese Einstellung kann man direkt unterhalb von (1) vornehmen.

Eine Besprechung organisieren

Der Besprechungsorganisator ist die zentrale Person des Geschehens. Seit Outlook 2010 kann der in seinem Kalender verankerte Termin nicht mehr geändert werden, ohne dass die Änderung allen Eingeladenen zur Kenntnis gebracht wird.

So laden Sie ein: Klicken Sie auf (3) »Teilnehmer einladen«. Das Terminfenster erhält eine zusätzliche »An:«-Zeile. Geben Sie dort die Teilnehmenden ein oder klicken sie gleich auf »Terminplanung« und erfassen Sie sie dort.

Wenn die Zugriffsrechte entsprechend eingestellt sind, sehen Sie sofort, wer wann verfügbar ist. Schraffierte Zeilen zeigen an, dass Sie keinen Zugriff auf den entsprechenden Kalender haben. Die oberste Zeile »Alle Teilnehmer« ist die wichtigste: Das ist die Zusammenfassung aller Termine. Nur wenn dort kein farbiger Balken zu sehen ist, hat keiner der Teilnehmenden einen Termin eingetragen.

Sie können hier direkt durch Verschieben des grünen und roten senkrechten Balkens den besten Termin festlegen und auch aus dieser Ansicht heraus die Besprechungsanfrage senden.

Die Eingeladenen erhalten die Anfrage in Form einer E-Mail. Wenn zugesagt wird, ist der Termin sofort im Kalender der betreffenden Person eingetragen und eine Nachricht an den Organisator ist unterwegs, dass zugesagt wurde. Der Organisator muss die eingehenden Antworten öffnen, um den Eintrag der Antwort in den Statusbericht auszulösen.

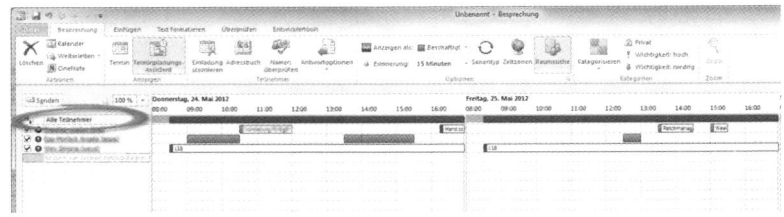

Abbildung 32: Terminplanung für eine Besprechung

Abbildung 33: Zeiten anpassen

Abbildung 34: Status anzeigen

Der Statusbericht wird im Kalender des Besprechungsorganisators aufgerufen. Öffnen Sie dort den Termin. Sie finden im Menüband die Schaltfläche »Status« und dort »Nachverfolgungsstatus anzeigen«.

Die Besprechungseinladungen von Outlook und Lotus Notes sind kompatibel zueinander. Eine Besprechungsanfrage von Outlook kann in Lotus Notes beantwortet werden und umgekehrt.

Kalenderfunktionen in Lotus Notes 8.5

Lotus Notes geht bei einem neuen Kalendereintrag davon aus, dass es sich um eine Besprechung handelt. Eine Besprechung braucht Teilnehmer, die – so denkt das Programm – auch via Lotus Notes eingeladen werden wollen und sollen. Wenn Sie einen Termin eintragen – also ohne Einladung –, stellen Sie das am Drop-down-Feld ein (siehe Abbildung 35).

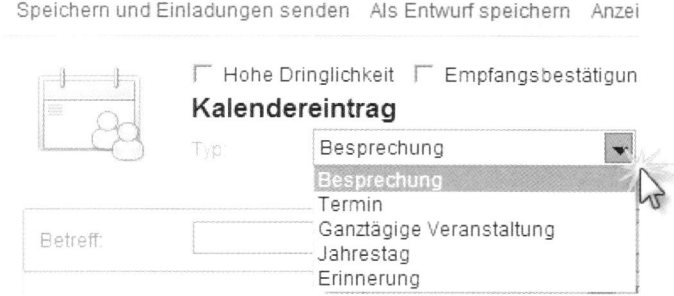

Abbildung 35: Verschiedene Kalendereinträge in Lotus Notes

Eine Besprechung terminieren

Die Besprechungseinladung ist ein sehr starkes, mächtiges Werkzeug, das auch funktioniert, wenn der Empfänger mit Outlook arbeitet. Sobald ein Empfänger zugesagt hat, erhalten Sie als »Besitzer« (Besprechungsorganisator) des Termins eine Nachricht und der Termin wird bei der eingeladenen Person in den Kalender eingetragen. Als Besitzer können Sie den Termin natürlich auch verschieben, absagen oder auch Personen wieder ausladen. Die Funktionen sind sehr praktisch, vorausgesetzt Sie pflegen Ihren Kalender sorgfältig, um Terminkollisionen zu vermeiden.

So gehen Sie bei der Terminierung einer Besprechung in Lotus Notes vor: Legen Sie zuerst Betreff, Beginn und Ende fest und laden Sie dann erforderliche und optionale Teilnehmer ein. Sie haben auch die Möglichkeit, die Besprechung lediglich zur Kenntnis zu versenden (siehe Abbildung 37). Wenn Sie auf einen der Links klicken, können Sie in einem neuen Fenster (siehe Abbildung 38) Gruppen oder Einzelkontakte auswählen.

➤ **Erforderlich:** Ohne die Teilnahme dieser Person/Gruppe kann die Besprechung nicht stattfinden.

➤ **Optional:** Wenn dieser Person/Gruppe der Termin passt, ist es schön, wenn nicht, kann die Besprechung trotzdem stattfinden.

➤ **Zur Kenntnis:** Diese Person/Gruppe erhält die Einladung rein informativ, persönliches Erscheinen wird nicht erwartet.

Die eingeladenen Personen erhalten die Benachrichtigung in Form einer E-Mail.

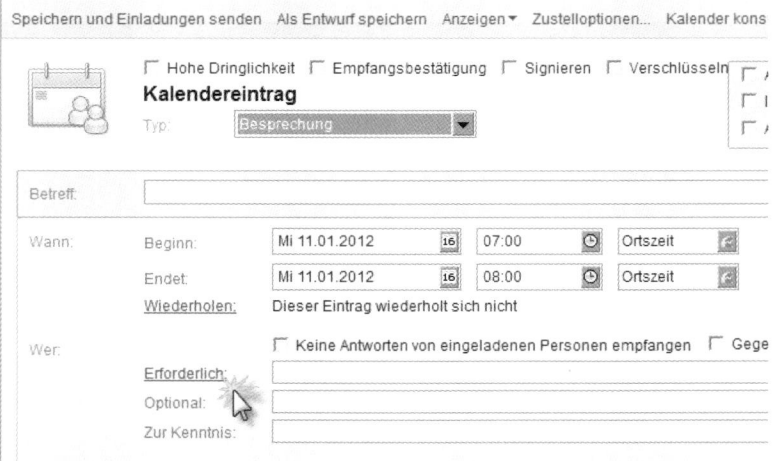

Abbildung 36: Besprechung terminieren in Lotus Notes

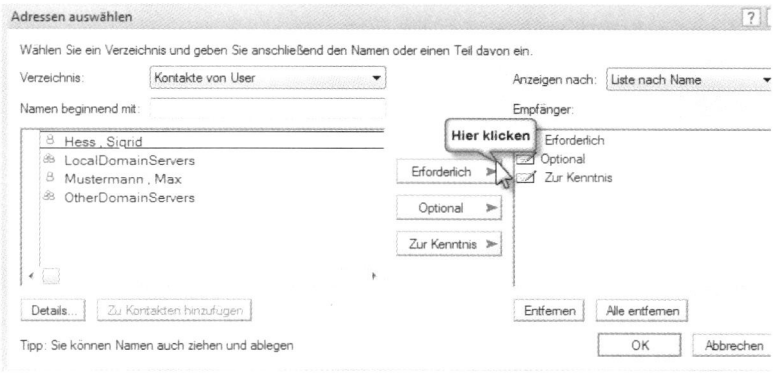

Abbildung 37: Besprechungsteilnehmer auswählen

Eine Erinnerung setzen

Manchmal gibt es keinen speziellen Termin und auch keine anstehende Besprechung, aber Sie benötigen trotzdem eine Erinnerung. Auch diese Möglichkeit ist in Lotus Notes vorgesehen.

Abbildung 38: Erinnerung festlegen

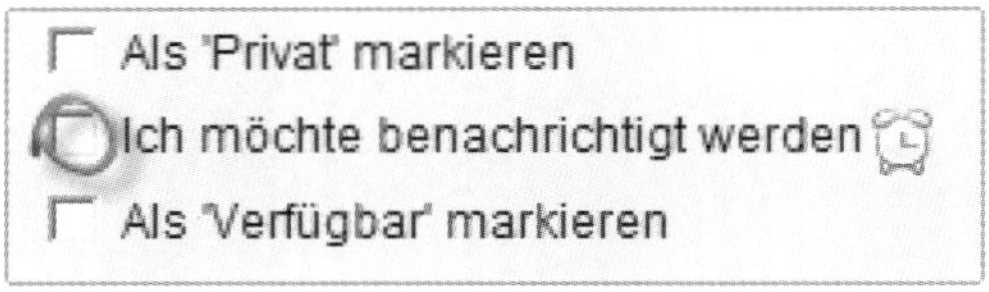

Abbildung 39: Markierungsmöglichkeiten

Wenn Sie unübersehbar erinnert werden wollen, per Pop-up-Fenster oder auch per Sound, müssen Sie das entsprechende Kontrollkästchen aktivieren. Dann erhalten Sie 30 Minuten vor dem Termin eine Erinnerung. Um diese Funktion an Ihre Bedürfnisse anzupassen oder einen bestimmten Klang auszuwählen, klicken Sie auf die Uhr.

Outlook und Lotus Notes sind sehr mächtige Werkzeuge. Durch Smartphones, die gut mit diesen Anwendungen zusammenarbeiten und den Zugriff auf Kalender, E-Mails, Kontakte und Aufgaben praktisch immer und überall ermöglichen, haben sich schon viele Arbeitsroutinen geändert. Einer schnelleren Kommunikation steht ein erhöhter Bedarf an Abstimmung gegenüber. So kommt es zum Beispiel vor, dass Terminanfragen von unterwegs per Smartphone beantwortet werden und gleichzeitig die Vertretung im Büro dasselbe tut. Glücklich geht die Sache dann aus, wenn beide die gleiche Antwort geben. Problematisch wird es, wenn sie das nicht tun. Um solche und ähnliche Schwierigkeiten zu vermeiden, müssen die Zuständigkeiten sehr genau geklärt werden.

Alle Aufgaben im Blick

Haben Sie auch ewige To-do-Listen, auf denen Aufgaben viel zu lange stehen? Dort heißt es beispielsweise: Jubiläumsschrift. Dieser Eintrag steht dort bereits seit drei Monaten. In vier Monaten ist der große Tag, und eine Woche vorher muss die Festschrift gedruckt sein. Die Zeit drängt langsam, der gefühlte Druck im Nacken und das schlechte Gewissen, weil die Sache nicht schon längst auf dem

Weg ist, steigen und zerstören alle Kreativität. Ihnen wird klar: Das können Sie in der kurzen Zeit gar nicht mehr alleine stemmen.

Sehen Sie, was hier passiert? Die Aufgabe wächst vor Ihren Augen zu einem gewaltigen Berg an. Und warum? Weil die Notiz auf Ihrer Liste zwar unscheinbar aussieht, aber in Ihren Gedanken eine Lawine auslöst nach dem Muster: »Was da alles zu tun ist und mit wie vielen Personen gesprochen werden muss …! Ach du liebe Zeit, das kann ich alleine doch gar nicht! Schnell weiter, da kann ich ja jetzt doch nichts machen.« Und wieder ist ein Tag vorbei …

Die Salamitaktik

Nehmen Sie bei solchen langfristigen Aufgaben nicht »die ganze Straße« auf einmal in den Blick – wie der Straßenkehrer Beppo in Michael Endes Buch *Momo* rät – sondern verfahren Sie nach Beppos Methode: Ein Schritt nach dem anderen. Anderswo nennt man dieses Vorgehen Salamitaktik. In dünnen Scheiben oder kleinen Schritten kann man auch große Projekte meistern. Mehr dazu finden Sie in David Allens *Wie ich die Dinge geregelt kriege*. Schreiben Sie sich also nicht das Ergebnis der gesamten Aktion auf, sondern lediglich den nächsten Schritt, der getan werden muss, um die Aktion voranzubringen, und danach dann die nächsten Schritte.

Die besten Gründe für die Salamitaktik

➤ Ihre To-do-Liste spiegelt den echten Aufwand wider. Das löst den inneren Widerstand gegen diese Aufgabe.

➤ Ein einzelner Schritt kann auch einmal zwischendurch erledigt werden, wenn zum Beispiel zwischen zwei Terminen ein wenig Luft bleibt. Das bringt ein schnelles Erfolgserlebnis und das gute Gefühl, die Sache wieder ein Stückchen vorangebracht zu haben.

➤ Einzelne Schritte lassen sich gut delegieren.

Was es kostet

➤ Zeit für die Planung ganz am Anfang, wenn die Aufgabe entsteht. Diese Investition zahlt sich aber schnell wieder aus.

Die Regeln

➤ Planen Sie vom Ende her.

➤ Teilen Sie die Aufgabe in kleine, logische Schritte auf.

➤ Formulieren Sie so, dass klar ist, welche Aktion als Nächstes folgt.

➤ Lassen Sie ausreichend Puffer.

➤ Nehmen Sie Aufgabenweitergaben mit der Outlook- oder Lotus-Notes-Funktion »Aufgabe« vor.

➤ Überwachen Sie (wenn Sie verantwortlich sind) konsequent die veranschlagten Zeiten.

➤ Denken Sie nicht an die Pufferzeiten – die sind nur für echte Notfälle!

Das Einmal-Prinzip

Dieses Prinzip wird auch Sofort-Prinzip oder Direkt-Prinzip genannt, und es ist ebenso schlicht wie wirkungsvoll: Wenn Ihnen eine Aufgabe begegnet oder in Erinnerung kommt, unternehmen Sie sofort einen Schritt zu ihrer Erledigung. Treffen Sie sofort die Entscheidung, was in dieser Angelegenheit zu tun ist. Selbst wenn die Antwort darauf nur lautet: »Keine Ahnung, muss ich mit Müller klären«, dann machen Sie eine entsprechende Notiz und legen Sie diese in die Mappe »Kommunikation« oder – noch besser – fragen Sie Müller sofort.

Die Wirkung ist, dass Sie jede Aufgabe nur einmal in die Hand nehmen. Der zentrale Punkt dabei ist die Entscheidungsfindung. Wenn

Sie das versäumen, fangen Sie beim nächsten Durchgang wieder von vorne an. Das gilt es zu vermeiden.

Checklisten

Für Arbeitsabläufe, die einerseits komplex, andererseits wiederkehrend sind, ist eine Checkliste ein einfaches und sehr nützliches Werkzeug. Es ist wie eine Gebrauchsanweisung für eine Aufgabe. Meist handelt es sich um eine einfache Word-Liste zum Abhaken – es kann aber auch eine ausführlichere Darstellung sein, wie etwa ein Flowchart.

Beispiel: Checkliste für eine Präsentation

Thema
Titel, Kernbotschaft
Zeitumfang
Layout
Anzahl Folien
Bilder
Grafiken
Diagramme
Animation
Raum, Technik
Zielgruppe, Vorwissen
Anzahl der Zuhörer
Gewünschte Folge/Aktion

Überlegen Sie: Welche Checklisten benutzen Sie? Welche könnten Ihre Arbeit oder die Ihrer Vertretung erleichtern? Wenn Sie das nächste Mal eine Routineaufgabe in Angriff nehmen, die nicht selbsterklärend ist, notieren Sie während der Abarbeitung einfach die nötigen Schritte. Daraus lässt sich dann ganz leicht eine nützliche Checkliste erstellen.

Checklisten eignen sich auch bestens für die Auftragsklärung – wenn ein anderer etwas für Sie erledigen soll oder Sie einen Auftrag entgegennehmen –, um keinen der wesentlichen Punkte zu vergessen.

Aufgaben und E-Mail-Kennzeichnung in Outlook 2010

Kennen Sie das Fähnchen im Posteingang rechts? Es kennzeichnet sowohl die E-Mails, die Sie kennzeichnen (das heißt auf Wiedervorlage legen), als auch die Aufgaben, die über das Aufgabenmodul erfasst werden. Seit Outlook 2007 sind diese beiden Dinge in der Vorgangsliste zusammengefasst. Das ist auch gut und klug, denn in beiden Fällen gibt es Aktionen, die abgearbeitet oder überwacht werden müssen.

E-Mails zur Nachverfolgung kennzeichnen

Klicken Sie mit der rechten Maustaste am rechten Rand der E-Mail auf das Fähnchensymbol und wählen Sie den Zeitpunkt der Wiedervorlage. **Achtung:** Wenn Sie ein Pop-up-Fenster wünschen, das Sie nachdrücklich erinnert, oder sogar einen Klang abspielt, müssen Sie diese Funktion extra unter dem Eintrag »Erinnerung hinzufügen« aktivieren.

Abbildung 40: E-Mail zur Nachverfolgung

»Schnellklick festlegen« bedeutet, den Zeitrahmen festzulegen, den Sie standardmäßig für die Nachverfolgung von E-Mails benutzen wollen. Dieser wird dann verwendet, wenn Sie nur einmal auf das Fähnchen klicken. So definieren Sie den Schnellklick: Klicken Sie im Menüband auf die Schaltfläche »Zur Nachverfolgung«. Wählen Sie im Menü den untersten Eintrag »Schnellklick festlegen« und treffen Sie Ihre Wahl aus der Drop-down-Liste. Zur Erklärung: »Diese Woche« bedeutet fällig an diesem Freitag; »Nächste Woche« bedeutet Beginndatum am kommenden Montag, Fälligkeitsdatum am Freitag. Leider werden diese Kennzeichnungen von vielen Smartphones nicht angezeigt. Daher eignet sich diese Funktion nur bedingt für Personen, die viel unterwegs sind.

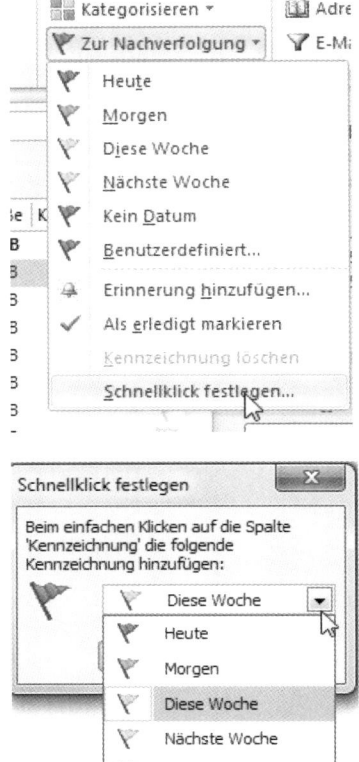

Abbildung 41: Schnellklick definieren

E-Mails und Aufgaben in der Vorgangsliste

Nachzuverfolgende E-Mails und Aufgaben erscheinen gemeinsam – als Vorgangsliste – in der Aufgabenleiste, die sich in der Posteingangsansicht rechts unten befindet (Ein- und Ausschalten: ALT + F2). Ob es sich jeweils um eine E-Mail mit Kennzeichnung oder um eine Aufgabe handelt, verraten Ihnen die Symbole links.

Gekennzeichnete E-Mails können aus dem Posteingang zum Beispiel in einen Unterordner verschoben werden, die Kennzeichnung bleibt in der Vorgangsliste sichtbar (nicht so in Outlook 2003). **Achtung:** E-Mails nicht löschen, sonst ist auch die Nachverfolgung verloren!

Abbildung 42: Vorgangsliste in Outlook 2010

Aufgaben direkt erstellen

Natürlich können Sie auch direkt im Aufgabenmodul eine Aufgabe erzeugen: Entweder Sie klicken auf »Neue Aufgabe« oder Sie verwenden das Tastenkürzel STRG + Shift + K.

Abbildung 43: Eine Aufgabe erstellen

➤ Tragen Sie zuerst den Betreff ein (**1**).

➤ Legen Sie dann das Fälligkeitsdatum fest. Das ist das Datum, an dem die Aufgabe erledigt sein muss. Danach gilt sie als überfällig und wird in der Aufgabenliste rot dargestellt. Das Beginndatum bezeichnet den Zeitpunkt, ab dem Sie sich der Aufgabe widmen wollen oder sollten (**2**).

➤ Der Status der Aufgabe (**3**) kann sein: nicht begonnen, in Bearbeitung, wartet auf jemand anderen, zurückgestellt oder erledigt.

➤ Durch Klicken auf »% erledigt« (**4**) können Sie 25, 50 und 75 Prozent wählen. Händisch kann aber auch jeder beliebige Wert eingetragen werden.

➤ Möchten Sie per Pop-up-Fenster erinnert werden? Dann aktivieren Sie hier das Kontrollkästchen (**5**). Geben Sie einen Zeitpunkt für die Erinnerung ein, der Ihnen noch ausreichend Zeit für die Erledigung der Aufgabe lässt.

➤ Über die Schaltfläche »Speichern & Schließen« beenden Sie die Aktion.

Aufgaben aus E-Mail erstellen

Oft kommt eine Aufgabe in Form einer E-Mail herein. Um die Informationen, die schon in der E-Mail stehen, einfach zu übertragen, ziehen Sie die E-Mail aus dem Posteingang mit gedrückter rechter Maustaste auf das Aufgabenfeld in der Navigationsleiste links. Beim Loslassen erhalten Sie eine Auswahl, was Sie tun können: verschieben oder kopieren, als Text oder als Anlage. Kopieren als Aufgabe mit Text entspricht dem Ergebnis, das Sie durch ziehen mit gehaltener linker Maustaste erhalten. »Kopieren als Aufgabe mit Anlage« ist sehr nützlich, wenn Sie das Postfach einer anderen Person überwachen und dort eine Aufgabe für sich selbst sehen.

Aufgaben zuweisen

Die mächtigste Funktion in diesem Modul ist die Aufgabenweitergabe. Das heißt, Sie beauftragen eine andere Person mit der Erledigung einer Aufgabe und erhalten – wenn Sie es wünschen – Updates über den Fortschritt der Abarbeitung.

Als Erstes klicken Sie bei der Aufgabe auf »Aufgabe zuweisen«, dann verändert sich das Fenster und erhält zusätzliche Kopfzeilen, wie in Abbildung 45 zu sehen ist.

➤ Tragen Sie den Empfänger der Aufgabe ein (**6**). **Achtung:** Wenn Sie mehrere Empfänger wählen, erhalten Sie keine Statusberichte.

➤ Mit den beiden Kontrollkästchen (7) entscheiden Sie mit dem oberen ob Sie diese Aufgabe in Ihrer eigenen Liste weiterhin sehen wollen oder nicht. Aktualisiert heißt, dass Sie Änderungen im Status jederzeit sehen können. Der Haken im unteren Kästchen löst eine automatische Mail an Sie aus, sobald die Aufgabe »erledigt« markiert wird.

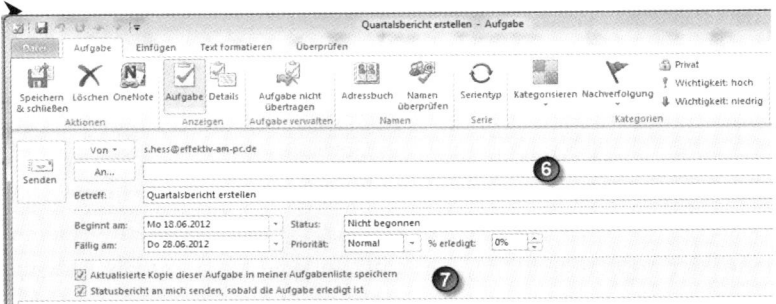

Abbildung 44: Aufgabenzuweisung

Die letzte Aktion ist das Absenden der delegierten Aufgabe.

In der Regel ist das Fälligkeitsdatum ein sehr wichtiges Merkmal einer Aufgabe, sonst gerät sie leicht in Vergessenheit. Outlook akzeptiert aber auch Aufgaben ohne Datum. Somit kann der Auftraggeber dem Empfänger das Festlegen des Lieferdatums überlassen, oder die Aufgabe kann schon erfasst werden, ehe das Fälligkeitsdatum feststeht.

Tipp: Senden Sie Aufgabenzuweisungen an die verantwortliche Person, nicht an die Assistenz. Die Aufgabe kann, wenn von der Führungskraft gewünscht, an die Assistenz weitergegeben werden (**9**).

Aufgaben entgegennehmen

Eine Aufgabenanfrage erscheint beim Empfänger als Nachricht im Posteingang, kenntlich gemacht durch ein besonderes Symbol.

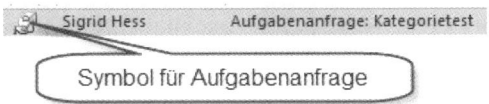

Abbildung 45: Aufgabenanfrage im Posteingang

Als Empfänger der Aufgabenzuweisung werden Sie gefragt, ob Sie diese Aufgabe annehmen wollen.

Abbildung 46: Aufgabenanfrage beantworten

➤ Hier können Sie (zumindest theoretisch) wählen, ob Sie die Aufgabe annehmen wollen oder nicht (**8**).

➤ Sie können eine zugewiesene Aufgabe auch Ihrerseits weitergeben (**9**). Die Statusberichte werden dann automatisch an den ursprünglichen Auftraggeber durchgereicht.

➤ Sie können jederzeit einen Statusbericht verschicken (**10**).

Gehen wir davon aus, Sie sagen der Aufgabenanfrage zu. Sie sollen außerdem ein Fälligkeitsdatum eingeben, wenn die Aufgabe ohne ein solches ankam. Nach dem Klick auf die Schaltfläche »Zusagen« erscheint ein neues Fenster (Abbildung 47).

Wenn Sie dort das Bearbeiten bestätigen, kommen Sie direkt in das Aufgabenformular, das Sie vor dem Senden bearbeiten können. Die Aufgabe in der Aufgabenliste des Auftraggebers wird automatisch aktualisiert. Natürlich erhält der Auftraggeber auch eine Nachricht über Ihre Aufgabenzusage.

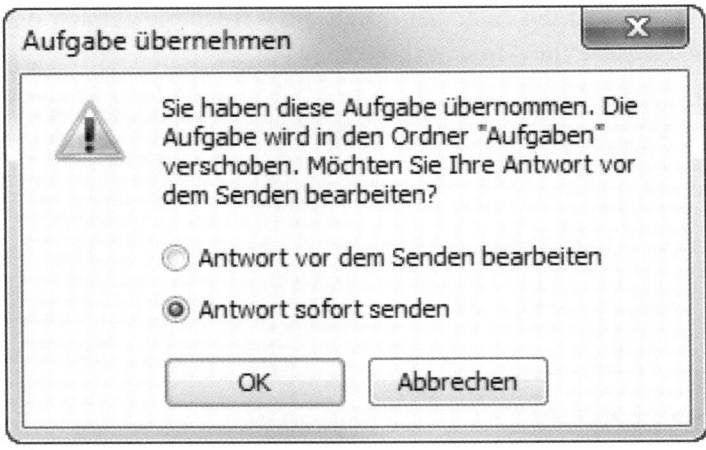

Abbildung 47: Antwort bearbeiten

Info: Das Aufgabenmodul wird von Smartphones in der Regel unterstützt. Rechnen Sie aber mit einer kleinen Verzögerung bei Statusänderungen.

Aufgaben überwachen über den Statusbericht

Wenn Sie Aufgaben annehmen, ist es wirklich sehr wichtig, den Status zu pflegen. Denn nur so ist Ihre Aufgabenliste sinnvoll und aussagekräftig. Zum Beispiel haben Sie eine Aufgabe übernommen, die aber gerade ruht, weil die Zahlen von Huber nicht rechtzeitig geliefert wurden. Ohne eine Outlook-Aufgabe müssten Sie eine sehr sorgsam formulierte E-Mail verfassen, um Ihrem Auftraggeber den Sachverhalt darzulegen. Haben Sie aber eine Aufgabenanfrage, setzten Sie einfach den Status auf »wartet auf jemand anderen« und schreiben in die Notizen: »Zahlen von Huber fehlen noch«, dann klicken Sie auf »Statusbericht senden« und damit ist alles gesagt – in nur 15 Sekunden.

Der Auftraggeber erhält – sofern angefordert (7) – automatisch einen Statusbericht, wenn der Auftragnehmer die Aufgabe als »erledigt« markiert. In seiner Aufgabeliste steht immer der aktuelle Status, wenn er die Aufgabe in seiner eigenen Liste behält.

In der Ansicht »Details« können Sie auch Arbeitsstunden, Reisekilometer und Ähnliches erfassen.

Ein Wermutstropfen: Wenn Sie selbst Auftraggeber sind und eine Erinnerung möchten, um nachzufassen, ob es bei einer bestimmten Aufgabe vorangeht, gibt es keine Alternative zu einer zweiten, für Sie selbst angelegten Aufgabe. Denn das Erinnerungsfenster erscheint nur beim Auftragnehmer (was an sich ja auch der Sinn der Sache ist).

Aufgaben im Kalender sichtbar machen

Wenn Sie viel mit Ihrem Kalender arbeiten, ist es Ihnen vielleicht angenehm, auch in der Kalenderansicht die Aufgaben sehen zu können. So schalten Sie diese ein: *Ansicht → Tägliche Aufgabenliste*. Hier können Sie, wenn Sie mögen, auch per Drag-and-drop einen Termin für die jeweilige Aufgabe erstellen. Das geht am besten in der Ansicht »Arbeitswoche«.

Aufgaben und E-Mail-Kennzeichnung in Lotus Notes 8.5

E-Mails auf Wiedervorlage

Die elektronische Wiedervorlage ist ein nützliches Mittel, um den Posteingang übersichtlich zu halten. Wie oft lässt man etwas im Eingang liegen, weil man es eventuell später brauchen wird. Besser: Wenn Sie eine E-Mail zu einem bestimmten Zeitpunkt wieder brauchen, legen Sie sie gleich an den passenden Ort, nachdem Sie sie gekennzeichnet haben.

Nutzen Sie die Fähnchen am rechten Ende der Mailansicht. So gekennzeichnete E-Mails werden links in der Wiedervorlageliste angezeigt. Dort können Sie sich durch einen Klick auf den schwarzen Drop-down-Pfeil auch die Aufgabenliste anzeigen lassen.

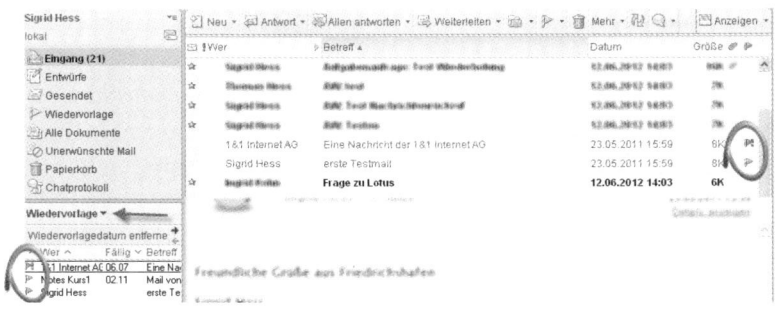

Abbildung 48: Wiedervorlage von E-Mails in Lotus Notes

Die Fähnchen sind rot für hohe Priorität, grün für normale und grau/weiß für niedrige Priorität. Ehe Sie das Letztere setzen, überlegen Sie am besten, ob die E-Mail nicht doch ein Kandidat für den Papierkorb ist.

Die verschiedenen Einstellungsmöglichkeiten für die Wiedervorlage verbergen sich in einem Dialogfenster unter: *Aktionen* → *Mehr Vorgaben* → *Wiedervorlage* (**1**).

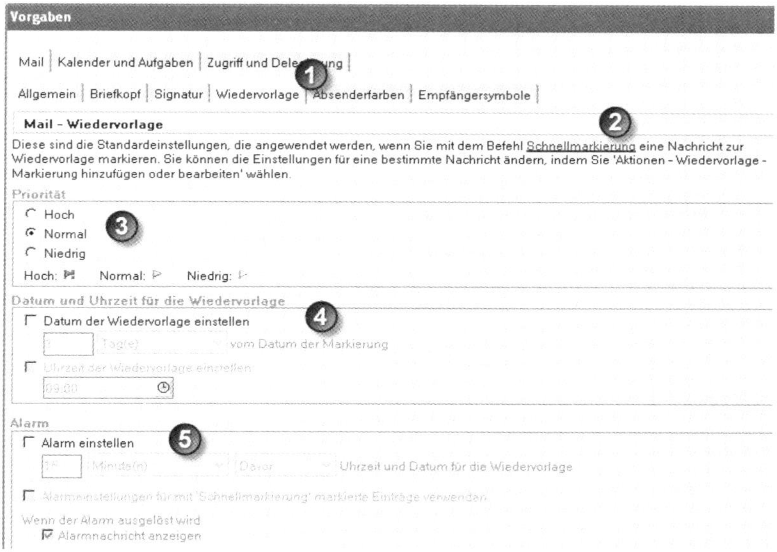

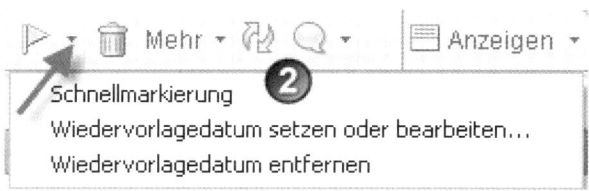

Abbildung 49: Das Dialogfenster »Wiedervorlage«

Abbildung 50: Schnellmarkierung für Wiedervorlage einstellen

Mit dem Befehl »Schnellmarkierung« (**2**) können Sie einer E-Mail mit einem Klick eine Wiedervorlage-Einstellung zuweisen. Was genau diese Schnellmarkierung tut, ist wiederum im Dialogfenster (**1**) festzulegen. Die Prioritäten »hoch«, »normal« und »niedrig« (**3**) werden durch die bereits erwähnten drei verschiedenfarbigen Fähnchen symbolisiert. Ein Standarddatum der Wiedervorlage (4) für die Schnellmarkierung einzustellen, ist meines Erachtens wenig sinnvoll, umso mehr jedoch für einzelne E-Mails (2). Gezielt gesetzt ist das ein mächtiges Werkzeug.

> **Achtung:** Hüten Sie sich vor dem Gießkannen-Prinzip, das die Standardeinstellung nahelegt (Wiedervorlage morgen). Dies hätte nur zur Folge, dass die Wiedervorlageliste endlos überfrachtet.

Wichtig ist auch, sich über einen Alarm (5) Gedanken zu machen. Setzen Sie ihn sparsam und gezielt ein. Sonst laufen Sie Gefahr, die Erinnerungen reflexartig wegzudrücken – womit der Zweck verloren geht.

Aufgaben erstellen

Die Aufgaben in Lotus Notes erreichen Sie über die Schaltfläche »Öffnen«. Wählen Sie dort »Aufgabe«.

Abbildung 51: Aufgaben in Lotus Notes

➤ Geben Sie wie bei jedem Eintrag einen wirklich aussagekräftigen Betreff (1) an.

➤ Nach dem Fälligkeitsdatum (**2**) wird geordnet.

➤ Im Kalender wird die Aufgabe am Beginndatum (**3**) eingeordnet.

➤ Wenn es sich um eine sich wiederholende Aufgabe handelt, geben Sie hier das Serienmuster (**4**) ein.

➤ Wollen Sie eine oder mehrere Personen mit der Aufgabe beauftragen, klicken Sie dieses Optionsfeld (**5**) an. Ansonsten gilt die Aufgabe für Sie.

Abbildung 52: Neue Aufgaben eintragen

Abbildung 53: Aufgabeneintrag für andere Personen

Aufgabe zuweisen/entgegennehmen

Ist das Optionsfeld aktiv, erscheinen zusätzliche Zeilen für die Empfänger der Aufgabe. Die Funktion »Andere Person(en)« in den Aufgaben funktioniert wie eine Besprechung. Auf diese Weise können Sie Aufgaben weitergeben und überwachen – ein sehr gutes Werkzeug für die Arbeit im Team. Wenn dies einmal eingeführt ist, spart es sehr viel Absprache- und Überwachungsarbeit.

Wenn Sie eine Aufgabenzuweisung erhalten, landet diese zunächst in Ihrem Posteingang. Gleichzeitig erscheint die Zuweisung im Aufgabenfenster in der Ansicht »Gruppe«. Als Antwort versenden Sie eine Nachricht an den Aufgabenersteller mittels der Aktionsschaltfläche »Antwort«. Sie können einen Kommentar hinzufügen.

Die Aufgaben werden auch als Einträge im Kalender angezeigt, und zwar an dem Tag, der als Beginndatum eingetragen ist. Falls nicht: Kontrollieren Sie, ob das Kontrollfeld »Aufgaben anzeigen« (*Mehr → Vorgaben → Kalender und Aufgaben → Anzeigen → Ansichten*) aktiviert ist.

Um ein Erinnerungsfenster zu erhalten, schalten Sie das Kontrollkästchen rechts oben ein.

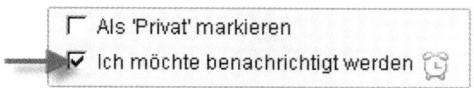

Abbildung 54: Benachrichtigung zu Aufgaben in Lotus Notes

Oftmals kommt eine E-Mail, die einen Kalendereintrag oder eine Aufgabe nach sich zieht. Um nicht die Informationen, die schon in der E-Mail stehen, erneut abschreiben zu müssen, klicken Sie die E-Mail mit der rechten Maustaste an und wählen Sie »Kopieren in:«, und dann »Aufgabe« oder »Kalender« – je nachdem worum es sich handelt.

Die Aufgabenmodule sind längst nicht so bekannt und eingeführt wie die elektronische Terminplanung. Schade, denn ich denke, dass viele Rückfragen und Nachfasstelefonate damit überflüssig werden können.

5. Gute Briefe – gute E-Mails

Egal ob es sich um externe E-Mails oder um einen klassischen Geschäftsbrief handelt: Die Zeiten gestelzter Formulierungen und des Kanzleistils sind vorbei. Zeigen Sie dem Empfänger Ihrer Nachricht Ihre Wertschätzung, indem Sie sich die Zeit nehmen, so zu schreiben, dass der Kern Ihrer Aussage klar wird. Moderne Geschäftskorrespondenz zeichnet sich durch einen klaren und präzisen Stil aus. Die Verständlichkeit und das leichte Erfassen des Inhalts stehen im Vordergrund. Dabei soll aber der freundliche Ton nicht leiden, im Gegenteil: Verglichen mit der Korrespondenz früherer Jahre ist der Ton trotz der knappen Formulierungen eher freundlicher und persönlicher geworden.

Das Hamburger Verständlichkeitskonzept[3]

Wann ist ein Text verständlich, wann liest er sich gut? Die Psychologen Langer, Schulz von Thun und Tausch haben in ihrem Hamburger Verständlichkeitsmodell schon vor über dreißig Jahren vier Punkte ausgemacht, die für einen verständlichen Text verantwortlich sind: Einfachheit, Gliederung/Ordnung, Kürze/Prägnanz und anregende Zusätze.

1. Einfachheit

Zu Recht steht dieser Punkt ganz oben auf der Liste. Es ist nicht mehr zeitgemäß, seine Kompetenz und Wichtigkeit durch langatmiges Schreiben und Sprechen zu betonen. Wer sich wirklich auskennt, beherrscht die Kunst, auch komplexe Sachverhalte schlicht und logisch darzustellen.

➤ Wählen Sie geläufige, eindeutige und kurze Wörter.

➤ Verwenden Sie einfache Sätze ohne komplexe Haupt- und Nebensatz-Gebilde.

➤ Verzichten Sie möglichst auf Fremdwörter, Modewörter und Abkürzungen.

➤ Verwenden Sie möglichst Verben statt Substantive.

2. Gliederung und Ordnung

Erleichtern Sie es dem Empfänger Ihres Briefes, das Wesentliche zu erfassen.

➤ Gliedern Sie Ihren Brief sinnvoll nach inhaltlichen Kriterien.

➤ Unterteilen Sie lange Texte in Abschnitte, verwenden Sie gegebenenfalls Zwischenüberschriften.

➤ Verwenden Sie – wo es sinnvoll ist – Aufzählungszeichen oder Nummerierungen.

3. Kürze und Prägnanz

»In der Kürze liegt die Würze«, das ist fast immer richtig. Wenn Sie einen Brief schreiben, wollen Sie etwas vom Empfänger. Sagen Sie das einfach. Denn der Empfänger will schließlich auch nur wissen:

»Was soll ich damit tun? Was will der Schreiber von mir?« Beantworten Sie diese Fragen so präzise wie möglich.

Versuchen Sie

➤ alles Langatmige und Weitschweifige zusammenzustreichen,

➤ alles Überflüssige und Unwesentliche wegzulassen und

➤ immer den Kern der Sache im Auge zu behalten.

4. Anregende Zusätze

Hieß es nicht eben kurz und knapp? Und jetzt doch noch Zusätze – ja was denn nun? Nun, das eine schließt das andere nicht aus. Ein Sachverhalt kann auch so knapp dargestellt sein, dass der Brief sich liest wie eine schlecht gemachte Betriebsanleitung. Präzision im Stil heißt nicht, auf sprachliche Bilder zu verzichten – denn diese machen einen Text lebendig und damit verständlicher.

➤ Geben Sie Beispiele, damit der Leser ein Bild vor Augen hat.

➤ Verwenden Sie Zitate oder Fragen, die den Text auflockern.

➤ Sprechen Sie den Leser an, verwenden Sie Beispiele aus seiner Lebenswelt.

➤ Schreiben Sie persönlich, werden Sie als Person sichtbar.

➤ Schreiben Sie anschaulich. Nehmen Sie den Leser mit hinein in Ihren Text. Sorgen Sie dafür, dass er Ihnen leicht folgen kann.

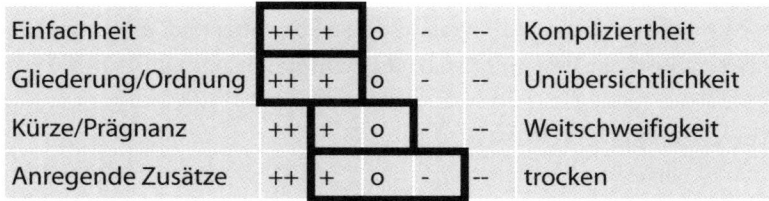

Einfachheit	++	+	o	-	--	Kompliziertheit
Gliederung/Ordnung	++	+	o	-	--	Unübersichtlichkeit
Kürze/Prägnanz	++	+	o	-	--	Weitschweifigkeit
Anregende Zusätze	++	+	o	-	--	trocken

Schreibpraxis

Schreiber und Empfänger begegnen sich auf Augenhöhe. Man hat ein gemeinsames Interesse, möchte eine Sache voranbringen, braucht etwas, möchte den anderen zu einer Handlung veranlassen oder will den anderen schlicht informieren. Es wichtig, dem Empfänger des Briefes klar und freundlich mitzuteilen:

➤ warum Sie ihm schreiben,

➤ was das für ihn bedeutet,

➤ was dieser jetzt tun soll und warum.

Dazu ist es nötig, dass Sie sich Ihrer eigenen Intention bewusst sind. »Das ist ja ganz klar«, sagen Sie. »Sonst würde ich ja wohl nicht schreiben!« Überlegen Sie einmal: Wie oft haben Sie selbst schon eine E-Mail oder einen Brief bekommen, nach dessen Lektüre Sie dachten: »Ja und jetzt? Was will mir dieses Schreiben sagen?«

Um die Aufmerksamkeit und das Interesse Ihres Lesers richtig zu lenken, müssen Sie wissen, welche Vorinformationen vorhanden sind und welche Erwartungshaltung der Leser vermutlich hat. Es spart Ihnen weder Zeit noch Mühe, wenn Sie den Brief an Frau Meier auf der Basis von dem an Frau Müller schreiben. Denn Frau Müller und Frau Meier sind selten in derselben Situation. Auch nur Sätze oder Satzteile von anderen Schreiben zu übernehmen, führt oft zu einem merkwürdigen, abgehackten Schreibstil. Besser ist es, einen Brieftext in einem Rutsch zu schreiben, und ihn danach noch einmal hinsichtlich der Verständlichkeit und Klarheit zu überarbeiten.

Bausteine der Geschäftskorrespondenz

Nehmen wir die Elemente eines geschäftlichen Schreibens der Reihe nach in Augenschein. Ich unterscheide nicht, ob es sich um einen Brief oder eine E-Mail handelt. Denn in der Praxis ersetzt das eine oft das andere.

Betreff

Ob sich der Schreiber mit dem Brief (oder der E-Mail) Mühe gegeben hat, sieht man schon am Betreff. Geben Sie dort stets eine aussagekräftige Überschrift an, die dem Empfänger eine klare Zuordnung des Schriftstücks erlaubt. Der Betreff kann im Bedarfsfall auch zweizeilig sein.

Nicht so	Sondern so
Info	Office Update 2010 ab April 2012
Anfrage	Ihre Anfrage zur Steuernachzahlung, Steuernummer 0815/1234

Anrede

»Sehr geehrte Damen und Herren,« – damit macht man noch immer nichts falsch! Ebenfalls gängig ist inzwischen: »Guten Tag, Frau Meier, … «. (Am Komma in der Mitte scheiden sich dabei die Geister. Der

Duden meint eher ja, aber ohne geht auch – mir persönlich gefällt es ohne Komma besser). Wenn man sich kennt und es ein weniger formeller Kontakt ist, ist die Anrede »Lieber Herr Huber, ...« wieder durchaus üblich.

Welche Anrede Sie auch verwenden: Die Anrede-Zeile endet immer mit einem Komma, und es geht nach einer Leerzeile klein weiter – außer das erste Wort ist ein Substantiv.

Einleitung

Hier gilt: Fangen Sie mit Ihrem Anliegen an. Sparen Sie sich nichtssagende Einleitungsfloskeln, verwenden Sie lieber aussagekräftige Einleitungssätze.

Nicht so	Sondern so
hiermit senden wir Ihnen ... (womit sonst?)	vielen Dank für das freundliche Telefonat. Sie baten mich, Ihnen ... zuzusenden, was ich sehr gerne tue.
gemäß Ihrem Schreiben vom ... oder Bezug nehmend auf ...	Besten Dank für Ihre Anfrage ... Gerne teile ich Ihnen mit, dass

Hauptteil

Gliedern Sie Ihre Absätze klar mit Leerzeilen. Auch Aufzählungen oder Nummerierungen können der Übersichtlichkeit dienen. Für Hervorhebungen benutzen Sie am besten Fettungen (Tastenkürzel: STRG + Shift + F). Halten Sie sich beim Schreiben an die KISS-Formel: Keep it short and simple.

Satzzeichen

Außer Punkt und Komma gibt es noch andere Satzzeichen. Holen Sie diese aus der Versenkung, es lohnt sich! Benutzen Sie Gedankenstriche, Klammern, Semikola. Mit Gedankenstrichen machen Sie Einschübe kenntlich, eine Klammer beinhaltet ergänzende Informationen, ein Semikolon trennt stärker als ein Komma, aber weniger als ein Punkt.

Partnerschaftlich formulieren

Sender und Empfänger eines Schreibens begegnen einander als Partner. Bringen Sie das zum Ausdruck, indem Sie die direkte Ansprache »Sie« wählen und auch konsequent auf den Pluralis institutionalis verzichten. Schreiben Sie »sende ich Ihnen« statt »senden wir Ihnen«, denn Sie werden zum Versenden eines Briefes wohl kaum mehrere Kollegen zusammentrommeln. Anders sieht es aus, wenn Sie über Aktionen sprechen, die Ihr ganzes Unternehmen betreffen. Zum Beispiel: »Wir legen folgende Zahlen zugrunde …« Hier ist es korrekt, denn alle Mitarbeiter tun das.

Wann immer es möglich ist, sprechen Sie von den Interessen des Empfängers. Sagen Sie, was Ihre Aussage für ihn bedeutet.

Nicht so	Sondern so
Wir gewähren 5 Prozent Rabatt.	Sie erhalten 5 Prozent Rabatt.
… werden wir über Ihren Antrag befinden.	… teile ich Ihnen meine Entscheidung mit.
Wir weisen darauf hin, dass eine Anmeldung erst nach Eingang des unterzeichneten Formulars erfolgen kann.	Um sich anzumelden, unterschreiben Sie bitte das angehängte Formular und senden Sie es mir bis zum 9. April zurück.

Verb statt Substantiv

Viele Substantive sind ein typisches Kennzeichen des sogenannten Kanzleistils, den es zu vermeiden gilt. Er wirkt langatmig und von oben herab. Berechnen Sie eine Gebühr, statt diese »in Rechnung zu stellen«; Ihr Gremium hat etwas beschlossen, nicht »einen Beschluss gefasst«; in Ihrem Unternehmen führt man etwas durch, statt es »zur Durchführung zu bringen«.

Aktiv statt passiv

Sie handeln und Ihr Gegenüber handelt. Bringen Sie diese Aktivität auch in Ihrem Schreibstil zum Ausdruck. Aktive Formulierungen sind leicht verständlich und beugen Missverständnissen vor. Denn bei passiven Formulierungen fehlt manchmal die entscheidende Information: Wer tut was bis wann?

Nicht so	Sondern so
Eine Zustimmung des Vermieters ist erforderlich.	Bitte senden Sie mir eine schriftliche Einverständniserklärung Ihres Vermieters zu. Formlos handschriftlich ist ausreichend.

Einfach statt doppelt

Man merkt es manchmal gar nicht, dass man von weißen Eisbären spricht. In der Korrespondenz wimmelt es nur so von »Rückfragen«, »Rückantworten«, »Unkosten« und »genauen Einzelheiten«. Wenn es einfacher geht, machen Sie es einfacher.

Konjunktive ersetzen

Willst du noch oder tust du schon? So könnte man fragen bei manchen Formulierungen in der Möglichkeitsform. Ein Konjunktiv (könnte, wollte, möchte) wirkt vage und unsicher. Sie laufen Gefahr, die Aufmerksamkeit Ihres Empfängers zu verlieren.

Nicht so	Sondern so
Wir würden uns freuen, wenn Sie sich zu einem Besuch entschließen könnten.	… laden wir Sie ganz herzlich ein …
Hiermit möchten wir Ihnen für die gute Zusammenarbeit danken.	Besten Dank für das konstruktive Miteinander.

Ausnahme: Bei Kondolenzschreiben ist »… möchten wir Ihnen unser Beileid aussprechen« durchaus angemessen.

Schlechte Nachrichten überbringen

Manchmal kommt man nicht um sie herum: schlechte Neuigkeiten. Sie können nicht erfüllen, was ein anderer erwartet. Sie müssen sich beschweren oder etwas anmahnen. In solchen Fällen gilt ganz besonders: klar in der Sache, freundlich im Ton. Sagen Sie, was zu sagen ist, nennen Sie die Alternativen oder die mögliche Schadensbegrenzung. Bei einer Beschwerde: Sagen Sie, was Sie erwarten. Wie kann der Schaden für Sie behoben oder die Situation verbessert werden? Wenn Sie nicht erfüllen können, was Ihr Gegenüber möchte, nennen Sie Gründe dafür oder bieten Sie Alternativen an. Wenn Ihnen etwas misslungen ist: Sagen Sie es einfach, entschuldigen Sie sich und nennen Sie Möglichkeiten der Schadensbegrenzung oder der Verbesserung. Wenn es geht: Nennen Sie den positiven Aspekt, sagen Sie was geht, nicht was nicht geht. Denn das menschliche Gehirn kann Negierungen nicht umsetzen.

Nicht so	Sondern so
Leider haben wir in der zweiten Augusthälfte geschlossen.	Am 15. August verabschieden wir uns in den Sommerurlaub. Ab dem 29. August sind wir wieder für Sie da.
Das von Ihnen gewünschte Seminar ist leider nicht mehr im Angebot.	Das Seminar wurde weiterentwickelt. Es heißt jetzt »Partnerschaftliche Kommunikation« und wurde um folgende Themen erweitert: …

Anlagenvermerke

»Wir übergeben in der Anlage … « Müssen Sie bei dieser Formulierung auch schmunzeln und denken an Unpässlichkeit im Kurpark? Nein, das muss auch anders gehen. Oft ist ein Schreiben ja lediglich die Begleitung des eigentlich interessanten Schriftstücks. Haben Sie es schon einmal mit Karten oder Kurzbriefen versucht, die handschriftlich ausgefüllt werden? Das wirkt persönlich und seriös.

Ansonsten schreiben Sie lieber »mit diesem Schreiben erhalten Sie … « oder »Vielen Dank für Ihr Interesse; hier ist das gewünschte Material«.

Schluss und Grußformel

Am Ende des Briefes soll der Empfänger ganz klar wissen, was erwartet wird. Dabei macht es natürlich einen Unterschied, ob Ihr Schreiben informierenden Charakter hat oder ob Sie vom Empfänger eine Handlung wünschen. Wichtig ist, dass aus dem Brief eindeutig hervorgeht, was damit zu tun ist. Der Satz »Dieser Brief ist für Ihre Unterlagen bestimmt; eine Antwort ist nicht notwendig«

hilft manchem wirklich weiter. Auch wenn es Ihnen klar sein mag, auf der anderen Seite ist es das möglicherweise nicht. Erwarten Sie eine bestimmte Reaktion, benennen Sie diese klar und nennen Sie gegebenenfalls auch einen konkreten Zeitpunkt.

»Mit freundlichen Grüßen« schließt fast jeder Brief. Schadet nicht. Nützt aber auch nichts. Oder fühlen Sie sich davon angesprochen? Zaubert Ihnen das ein Lächeln ins Gesicht? Nicht? Schade, Chance vertan. Denn das mit dem Lächeln klappt auch – mit ein bisschen Fantasie. Und die lässt sich üben, zum Beispiel: Sonnige Grüße vom Bodensee; Frühlingsgrüße aus Oberschwaben; … freue ich mich auf Ihre Antwort und grüße freundlich nach Köln; oder ein handschriftliches Herzlich, Anna Meier.

DIN 5008 – für Geschäftskorrespondenz

Im Jahr 2011 wurde die letzte Überarbeitung der DIN 5008 veröffentlicht – der Schreib- und Gestaltungsregeln für die Textverarbeitung. Über viele Jahre gab es die DIN 676 als gesonderte Norm »Geschäftsbriefe – Einzelvordrucke und Endlosvordrucke«. Das kam daher, dass das Erstellen der Vordrucke für Geschäftsbriefe ein von dem Beschreiben ebendieser komplett getrennter Vorgang war. Diese Trennung hebt sich durch die heutige Technik mehr und mehr auf, daher wurde die DIN 676 in die aktuelle DIN 5008[4] vollständig integriert. Neu ist auch, dass zur Vereinfachung der Gestaltung am PC mit runden Millimeterangaben, meist im Raster von 25 Millimetern, gearbeitet wird. Insgesamt wurde die DIN erweitert um Kapitel zur Gestaltung von Diagrammen und Abbildungen sowie »längerer Texte«. Die Bedeutung des Informationsblockes (anstelle der früheren Bezugszeile) wird hervorgehoben.

Empfängeranschrift

Zwei kleinere Neuerungen gibt es bei der Empfängeranschrift: Falls ein Ortsteilname gewünscht wird, steht dieser jetzt in der Zeile zwischen Name und Straße. Für die Wohnungsbezeichnung wurde ein doppelter Schrägstrich eingeführt.

Frau
Sabine Dörfler
Weiler
Storchenstraße 12 // A 7
74889 Sinsheim

Bei Auslandsanschriften ist der Bestimmungsort nach Möglichkeit in der Landessprache anzugeben. Das Bestimmungsland steht in deutscher Sprache in der letzten Zeile der Anschrift.

Signora
Giovanna Sempione
45, via Roma
55100 LUCCA
ITALIEN

Einleitungen wie »An die«, »An den« oder »An« vor der Anrede werden nicht geschrieben (**Ausnahme:** An die Mitglieder des Ausschusses). Auch die Bezeichnung »Firma« entfällt, wenn der Name eindeutig auf eine Firma hinweist.

Akademische Grade wie Doktor, Professor, Diplom-Ingenieur stehen unmittelbar vor dem Namen und werden häufig abgekürzt geschrieben. Berufs- und Amtsbezeichnungen wie Direktor, Rechtsanwalt, Verwaltungsrat stehen neben »Frau« und »Herrn«. Bei Untermietern folgt der Name des Wohnungsinhabers unter dem des Untermieters.

Abkürzungen

Abkürzungen erhalten immer dann einen Punkt, wenn man sie im vollen Wortlaut des ungekürzten Wortes spricht: bzw., evtl., Mio., Mrd., vgl. Stehen mehrere Abkürzungen hintereinander, so werden sie wie ungekürzte Wörter durch Leerzeichen voneinander getrennt: d. h., i. A., i. V., z. B., o. Ä. Bei einigen wenigen Ausnahmen wird nur ein Punkt hinter das letzte Wort gesetzt: ppa., usw., usf. Wird eine Abkürzung wie ein selbstständiges Wort, also buchstäblich, gesprochen, ist sie ohne Punkt und in sich ohne Leerzeichen zu schreiben: AG, GmbH, Kfz, Lkw, Pkw, USA.

Aufzählungen

Aufzählungen kann man einsetzen, um einen langen Brieftext übersichtlicher zu gestalten. Beginn und Ende einer Aufzählung sind vom übrigen Text durch je eine Leerzeile zu trennen. Die Aufzählungsglieder selbst dürfen ebenfalls durch Leerzeilen voneinander getrennt werden. Dies ist vor allem bei mehrzeiligen Aufzählungsgliedern zu empfehlen. Die Aufzählungszeichen aus einem Textverarbeitungsprogramm dürfen verwendet werden. Nach den Gliederungszeichen folgt zur Abgrenzung vom Text mindestens ein Abstand von einem Leerzeichen.

Tabellen

Tabellen

➤ sollen einschließlich des Rahmens innerhalb der Seitenränder stehen,

➤ sollen zentriert zwischen den Seitenrändern ausgerichtet sein,

➤ sollen mit mindestens einer Zeile Abstand vom Fließtext stehen,

➤ Spalten- und Zeilenüberschriften sollten deutlich erkennbar sein.

Eine Tabelle sollte möglichst vollständig auf eine Seite passen. Ist das nicht möglich, muss der Tabellenkopf auf der Folgeseite wiederholt werden (zum Beispiel in Word: *Tabelleneigenschaften* → *Register: Zeile* → *Kontrollkästchen: Gleiche Kopfzeile auf jeder Seite wiederholen*).

Seitennummerierung

Die Seiten eines Briefes werden von der zweiten Seite an fortlaufend nummeriert. Dies kann in der Kopf- oder Fußzeile, rechtsbündig oder zentriert geschehen. Vorgeschlagene Formatierungen für die Seitenzahl sind:

➤ oben mittig mit Mittestrichen: – X – oder

➤ am unteren Seitenrand rechts: Seite X von Y

Korrekte Schreibweise von Zahlen und Zeichen

Datumsangaben		
Wird der Monatsname als Wort oder als Abkürzung geschrieben, steht ein Leerschritt nach jedem Punkt.	18. Mai 2012 4. Jan. 2012	Einstellige Tagangaben erhalten keine führende Null.
Die amerikanische Schreibweise *Jahr-Monat-Tag* mit Bindestrich empfiehlt sich für Dateinamen.	2012-04-03 2012-12-26	Um Verwechslungen auszuschließen, sollten Sie Jahreszahlen immer vierstellig schreiben.
Tag-Monat-Jahr in Ziffern wird mit Punkten ohne Leerzeichen getrennt.	13.09.2012 04.05.2012	
		Einstellige Tagangaben mit führender Null

Uhrzeit

Jede Einheit wird mit Doppelpunkt von der anderen getrennt.

14:30 Uhr, 10:00 Uhr oder 12:04:48

Telefon- und Telefaxnummern

Vorwahl und Hauptnummer durch Leerzeichen getrennt

0123 12345

0111 3098764

Durchwahl wird mit Bindestrich ohne Leerzeichen angehängt.

0111 7890-22

Landesvorwahl wird mit vorangestelltem + geschrieben und mit Leerzeichen getrennt.

+49 1112 98765

Zahlen in der Adresse

Hausnummern folgen der Straßenbezeichnung nach einem Leerzeichen. Buchstaben werden mit Leerzeichen angeschlossen. Zusammengesetzte Hausnummern werden mit einem »Bis«-Zeichen geschrieben. Besondere Wohnungsangaben werden mit doppeltem Schrägstrich angehängt.

Meersburger Str. 12 B

Burgstraße 15 – 17

Parkallee 14 // W 82

Postfachnummern von rechts beginnend zweistellig gliedern

7 89   23 45   5 67 89

Bankleitzahlen

National (BLZ): von links nach rechts zwei Dreiergruppen und eine Zweiergruppe

601 950 00

International (IBAN)[5]: von links nach rechts fünf Vierergruppen, eine Zweiergruppe

IBAN DE88 1234 5678 9000 0123 4567 89

Währungsbeträge

Dezimalstellen durch Komma getrennt

30,45 EUR   54,12 €   8 Euro

Tausender durch Punkt (fakultativ)

10.000 EUR   2.654,05 €
$ 4.500

Große Zahlen

Tausender werden durch ein Leerzeichen gegliedert. Geldbeträge sollten aus Sicherheitsgründen mit dem Punkt gegliedert werden.	44 000 Einwohner, 32 000 km 654.321,00 EUR	

Punkt

bei Abkürzungen	bzw., z. B., u. a. m. aber: usw.	Am Satzende ist der Punkt eingeschlossen
bei Auslassungen	...straße, sagte, dass ...	
Ist ein Wortteil ausgelassen, folgt kein Leerzeichen; sind ganze Worte ausgelassen, steht ein Leerzeichen vor oder nach den Punkten. Es sind immer drei Punkte.		

Doppelpunkt

bei Verhältnisangaben	1 : 1 1 : 250 000
als Divisionszeichen	35 : 5 = 7
bei Zeitangaben	s. o.

Zeichen, die ein Wort vertreten

Prozent- und Promillezeichen stehen mit Leerschritten, außer wenn sie Bestandteil des Wortes sind.	100%ig 8°% Rabatt 4 ¼°% Zinsen	Zum besseren Erkennen sind die Leerzeichen vor dem % mit ° gekennzeichnet
Zeichen für »und (et)« in Firmennamen	Müller & Co.	
Gradzeichen	20 °C -5 °C	Winkel von 45°
Zeichen für geboren	* 15.02.1932	
Zeichen für gestorben	+ 15.05.1995	

Mittestrich

Bindestrich steht ohne Leerzeichen	1-Euro-Job Berlin-Tegel Karl-Heinz
Gedankenstrich (Halbgeviertstrich) steht mit Leerzeichen	Es ist – wie so oft – sonniges Wetter.
»Bis« mit Leerzeichen	20 – 30 Euro von 8:30 – 10:00 Uhr
Ergänzungsbindestrich	Geburtsdatum und -ort (Achtung, das macht Word immer falsch!) Ein- und Verkauf
Schrägstrich	
Steht ohne Leerzeichen	50 km/h, 2 ¼, Jahrgang 2005/2006

Link-Tipp: http://www.tastschreiben.de/p0400020.htm

Pflichtangaben

Jedes Schriftstück, egal ob es sich um einen Brief, eine E-Mail oder ein anderes Medium handelt, muss – wenn es sich um geschäftsrelevante Korrespondenz handelt – die vom Gesetzgeber festgelegten Pflichtangaben aufweisen. Vorgedruckte Briefbogen enthalten diese Angaben in der Regel. Beim E-Mail-Verkehr stehen sie in der Signatur. Welche Angaben Pflicht sind, ist abhängig von der Rechtsform des Unternehmens und ist in den gesetzlichen Vorschriften (§§ 37a, 125a, 177a HGB, § 35a GmbHG, § 80 AktG) geregelt. Als geschäftsrelevant gelten beispielsweise: Angebote, Auftragsbestätigungen, Quittungen oder Bestellungen.

Wenn das Thema in Ihrem Unternehmen in Ihrem Verantwortungsbereich liegt, erkundigen Sie sich am besten bei der zuständigen IHK. Auf deren Internetpräsenzen finden Sie aktuelle Informationen und kompetente Ansprechpartner.

Firmeninterne Korrespondenz

Für den ganz alltäglichen hausinternen E-Mail-Verkehr – der gerne 70 bis 80 Prozent des Volumens ausmacht – gelten andere Regeln. Vor allem keine festen. Die Unterschiede im Umgangston, der Sorgfalt, im Verteilerkreis und in der Frequenz ist von Unternehmen zu Unternehmen sehr verschieden. Falls Sie neu in einer Firma sind, beobachten Sie zunächst genau, um mögliche Fettnäpfchen zu erkennen. Hausintern brauchen Sie keine Signatur. Sorgen Sie eher dafür, dass die Signatur, die manchmal länger ist als der eigentliche Text, bei internen E-Mails entfällt. Ein Gruß und Ihr Name sollten dennoch unter dem Text stehen. Legen Sie einfach eine zusätzliche formlose Signatur an, die Sie in diesen Fällen verwenden. Verzichten Sie nicht auf die Anrede, das wird von vielen Menschen als sehr unhöflich empfunden. Geben Sie sich wirklich Mühe mit der Formulierung des Betreffs. Denn der Empfänger will beim ersten Sichten der E-Mails sehen, was Sache ist. Sehr gut ist ein »Stempel« gleich zu Anfang der Betreffzeile, der dem Empfänger anzeigt, was mit dieser E-Mail zu tun ist, beispielsweise: (Aufgabe) Quartalsberichte prüfen bis 18.06.2012. Das Wort in Klammern ist der Stempel. Es könnte noch viele andere geben, zum Beispiel (Entscheidung); (Info); (Ablage); (erledigt) – das sind nur Anregungen. Meist braucht es kein erklärendes Wort dazu, diese Neuerung können Sie einfach benutzen.

Kurze Nachrichten, die nur aus wenigen Worten bestehen, können Sie direkt in die Betreffzeile schreiben und dies mit »eom« für »end of message« kenntlich machen. Zum Beispiel: (Info) Danke für die Unterstützung! Gruß Müller eom. Damit sparen Sie dem Empfänger einige Klicks, denn die E-Mail kann im Eingangsfenster zur Kenntnis genommen und sofort versorgt werden.

Eine große Unsitte sind sehr lange Unterhaltungen, deren Thema sich »unterwegs« ändert, der Betreff aber nicht. Am Ende erhalten

Sie E-Mails, deren Inhalt ein ganz anderer ist, als der Betreff vermuten lässt. Das kommt oft daher, dass in der ursprünglichen E-Mail mehrere Themen angesprochen wurden, und dann in einem Strang das eine und in einem anderen Strang das andere Thema weiterverfolgt wurde. Es braucht viel Zeit, solche Unterhaltungsstränge zu entwirren und angemessen abzulegen. Außer der Unannehmlichkeit, die das Lesen und Suchen verursacht, besteht auch immer das Risiko, dass Informationen in die Hände von Unbefugten gelangen, nur weil die Unterhaltung vergessen hinten anhing. Vermeiden Sie solche Stolpersteine am besten von vornherein, indem Sie pro Thema eine E-Mail schreiben. Falls Sie selbst eine solche »Sammel-E-Mail« erhalten, antworten Sie darauf, jedoch mit mehreren E-Mails, jeweils mit ergänztem Betreff.

Seien Sie sehr zurückhaltend beim Verteiler. Am besten fragen Sie Ihre Führungskraft, inwiefern er oder sie per CC informiert sein möchte. Achten Sie darauf, Adressen korrekt anzugeben: in das »An:«-Feld kommt die Person, die etwas zu tun hat, in CC die Personen, die von dem Sachverhalt Kenntnis haben sollen. Viele Personen nehmen E-Mails, in denen sie in CC stehen, mit stark verminderter Aufmerksamkeit zur Kenntnis oder lassen diese per Regel gleich in einen Ablageordner umleiten.

Ebenso empfehle ich Zurückhaltung bei der Einstellung »Wichtig«. Nutzen Sie das rote Ausrufezeichen wirklich nur bei sehr wichtigen Dingen. Nur dann nutzt es sich nicht ab und entfaltet die gewünschte Wirkung.

Zukunftsmusik

»Werden es immer mehr E-Mails werden? Ich komme doch schon jetzt kaum mit dem Lesen – geschweige denn mit dem Bearbeiten – nach!« Solche Aussagen höre ich oft in den Seminaren. Hier ist meine ganz subjektive Einschätzung der Lage: Ich denke, die Zeit der hausinternen E-Mails wird wieder zu Ende gehen, zumindest in großen Unternehmen. E-Mails werden den normalen Geschäftsbrief weiterhin in weiten Bereichen ersetzen.

Für den hausinternen Informationsfluss werden in Zukunft Plattformen sorgen, die ähnlich wie Social-Media-Netzwerke funktionieren. Jeder Mitarbeiter hat dort sein Profil. Projektmitarbeitende werden in Gruppen organisiert, deren Moderator der Projektleiter ist. Alle Informationen zum Thema werden innerhalb der Projektgruppe in Foren besprochen. Alle relevanten Dokumente sind über diesen Gruppenzugang für jeden Teilnehmer erreichbar. Es werden keine E-Mails mit Anhängen hausintern versendet, sondern allenfalls der Hinweis, dass das Dokument in einer neuen Version gespeichert ist. Diese Nachrichten kann das System auch selbstständig versenden – sofern der Empfänger das so eingestellt hat (ein Thema abonniert hat). Dieses Vorgehen hat gewichtige Vorteile: Alle relevanten Informationen zu einem Thema befinden sich am selben Ort. Wenn ein Mitarbeiter ausscheidet, wird jetzt in der Regel dessen E-Mail-Konto gelöscht und die darin zusammengetragenen Informationen sind verloren. Mit dem Foren-System ist der Wissenstransfer gesichert. Ein neu hinzukommender Mitarbeiter erhält einfach Zugang zur Projektgruppe und hat alle Informationen chronologisch geordnet beisammen. Damit fällt das Hineinfinden in ein laufendes Projekt viel leichter, als es mit jetzigen Mitteln denkbar ist.

Andererseits werden sich mit solchen Formen des Informationsflusses die Kommunikationsstrukturen in Unternehmen signifikant verändern. Die Bringschuld der Information wandelt sich in eine Holschuld. Niemand kann mehr behaupten: »Das hat mir keiner gesagt!« Der Vorteil ist aber, dass Ihr Postfach nicht mit (für Sie) irrelevantem »Zeug« geflutet wird. Dafür können Sie Ihre Aufmerksamkeit auf die an Ihrem Arbeitsplatz wichtigen Themen richten. Sie können Themen »abonnieren«, auch gestaffelt: Sie können das System so einstellen, dass Sie bei jeder Änderung eines Dokuments sofort benachrichtigt werden, oder dass Sie am Freitag eine Zusammenfassung davon erhalten, was sich in der vergangenen Woche in einem Forum getan hat, oder Sie können eine beliebige Stufe dazwischen wählen. Damit steigt die Selbstbestimmung in unserer überinformierten Arbeitswelt spürbar an. Haben Sie keine Angst, Wichtiges zu verpassen. Denn auch wenn Sie nicht täglich alle Tageszeitungen von vorn bis hinten lesen, erfahren Sie trotzdem, was in der Welt vor sich geht, nicht wahr?

Serien-E-Mails

Outlook bietet keine Funktion für Serien-E-Mails. Wohl aber können Sie über die Serienbrieffunktion von Microsoft Word Serien-E-Mails versenden. Dateianhänge sind allerdings leider nicht möglich.

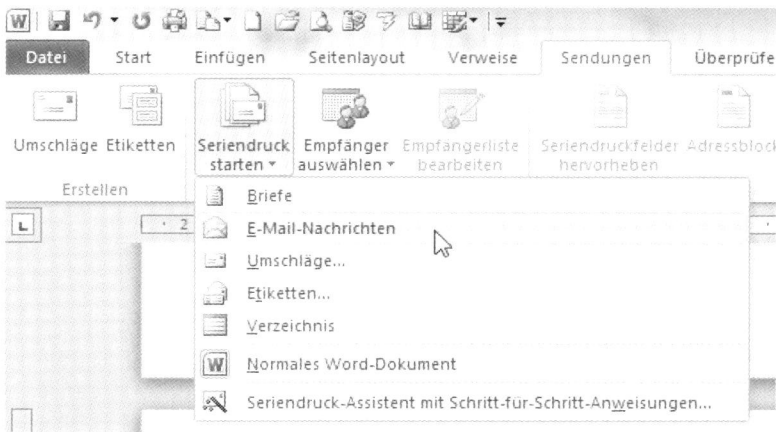

Abbildung 55: Serien-E-Mail starten

Sie starten in Word, im Menüband »Sendungen« mit Klick auf »Seriendruck starten«. Dann wählen Sie »E-Mail-Nachrichten«.

Anschließend legen Sie die Empfänger aus den Outlook-Kontakten fest. Der Adressblock (den Sie für die E-Mail nicht benötigen) und die Grußzeile funktionieren gut. Voraussetzung ist, dass in den Outlook-Kontakten die Anrede des Kontaktes (Herr, Frau, Frau Dr.) angegeben ist. Um die Anrede korrekt einzutragen, klicken Sie im Outlook-Kontakt auf die Schaltfläche »Name«, dann öffnet sich ein Dialogfenster, das die Anrede aufnimmt. Es gibt zwar eine Vorschlagliste, es sind aber auch eigene Eintragungen zulässig, zum Beispiel »Herr Rektor«. Die »Grußzeile« ist eigentlich die Briefanrede – es handelt sich dabei um eine missverständliche Übersetzung. Wenn Sie diese verwenden, erscheint: »Sehr geehrte Frau Meier«, »Sehr geehrter Herr Müller,« – oder auch »Sehr geehrte Damen und Herren,« wenn beim Kontakt kein Name eingetragen ist.

Erstellen Sie den Text Ihrer E-Mail gegebenenfalls unter Verwendung weiterer Seriendruckfelder, die Sie über die Schaltfläche »Seriendruckfeld einfügen« hinzufügen können. Abschließend bestätigen Sie.

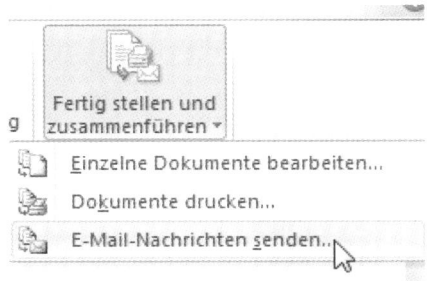

Abbildung 56: Serien-E-Mail abschließen

Leider gibt es keine Möglichkeit, die E-Mails vor dem Verschicken zu prüfen, außer sich selbst eine Test-E-Mail zu senden.

Achtung! Falls Sie keine Serien-E-Mail, sondern eine Rundmail an einen Verteilerkreis versenden, achten Sie bitte darauf, dass die E-Mail-Adressen im »BCC«-Feld« stehen und nicht alle im »An«- oder »CC«-Feld. Nur so ist sicher, dass keiner der Empfänger die Adressen der anderen lesen kann. Denn das ist in den meisten Fällen nicht gewünscht.

Adressen aus dem Adressbuch einfügen

Oft braucht man nur eine Adresse für einen Brief, die man bereits im Adressbuch hat. Um diese in Word verwenden zu können, müssen Sie ein bisschen tricksen. Mit einer kleinen Anpassung der Symbolleiste ist es am Ende nur eine Sache von zwei Klicks: Rufen Sie das Bearbeiten der Schnellstart-Symbolleiste (entweder bei den Word-Optionen oder direkt am Ende der Schnellstartleiste »Weitere Befehle«) auf und wählen Sie dort den Eintrag »Adressbuch«, wie in Abbildung 57 gezeigt.

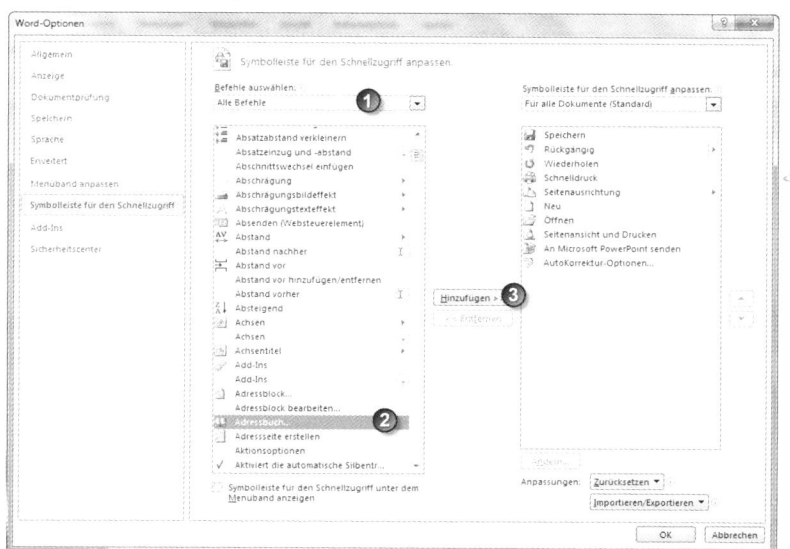

Abbildung 57: Schaltfläche »Adressbuch aktivieren«

Nach dem Bestätigen ist das Adressbuchsymbol in der Word-Symbolleiste für den Schnellzugriff sichtbar. Beim Klick darauf, kann direkt auf die Adressen des Adressbuchs zugegriffen werden. Die gewählte Adresse erscheint auf dem Word-Dokument in dieser nicht ganz korrekten Form:

Sabine Anker
Niederflurstr. 56

88045 Friedrichshafen
Deutschland

Um die Position der Felder den aktuellen Erfordernissen anzupassen, legen Sie bitte Folgendes als Schnellbaustein unter dem Namen *Adresslayout* ab:

<PR_COMPANY_NAME>

<PR_DISPLAY_NAME_PREFIX> <PR_GIVEN_NAME> <PR_SURNAME>

<PR_STREET_ADDRESS>

<PR_POSTAL_CODE> <PR_LOCALITY>

Dann erscheint dieses Ergebnis:

Lindopharm
Frau Dr. Sabine Anker
Niederflurstr. 56
88045 Friedrichshafen

Eine ausführliche Liste der Feldnamen und die Möglichkeit, den Baustein zu kopieren, finden Sie unter www.sigridhess.de/downloads.html

6.   Besprechung, Meeting, Konferenz

Teambesprechung in der technischen Entwicklung, Kick-off-Workshop für ein neues Vertriebskonzept, Vorstandssitzung. Das sind sehr verschiedene Veranstaltungen mit sehr unterschiedlichen Zielen. Dennoch haben Sie viel gemeinsam: Es müssen mehrere Menschen gleichzeitig Zeit haben und vorbereitet an einen bestimmten Ort kommen. Irgendjemand muss das organisieren. Genau diese Organisationsarbeit ist in Zeiten knapper Zeitbudgets und starker Reisetätigkeit eine Herausforderung geworden.

Wenn Sie ein Meeting oder eine Besprechung planen, überlegen Sie zuerst, ob das wirklich der beste Weg ist, um zum gewünschten Ergebnis zu kommen. Vielleicht gibt es noch ganz andere Möglichkeiten, die Menschen zusammenzubringen. Müssen sie unbedingt persönlich am selben Tisch sitzen? Am Ende dieses Kapitels gibt es noch einige Anregungen dazu.

Vorbereitung

Welche Unterlagen und welches Equipment werden gebraucht? Wer muss dabei sein? Wer moderiert, wer führt Protokoll? Gibt es eine Tischvorlage (Handout)? Sollen Präsentationen vorab verschickt werden? Wie lange vorher? Welcher Zeitrahmen ist realistisch? Wenn Sie häufiger für Besprechungen verantwortlich sind, lohnt es sich, eine Checkliste anzulegen und die zu klärenden Punkte einzutragen. Wenn Sie für andere Menschen Besprechungen organisieren, können Sie diese bitten, Ihnen den Auftrag per ausgefüllter Checkliste zu erteilen.

Checkliste für Besprechungen

Frage	Antwort	erledigen bis	erledigt
Wer muss dabei sein?			
Wer kann dabei sein?			
Zeitfenster und Dauer			
Raum/Ausstattung/Ressourcen			
Vorzubereitende Unterlagen			
TOPs (Tagesordnungspunkte) für Agenda			
Moderator			
Protokoll (Form, Protokollführer)			
Getränke/Imbiss			

Um in der Besprechungsplanung immer besser zu werden, ist ein Feedback wichtig. Umso mehr, wenn die planende Person bei der Besprechung nicht anwesend war:

➤ Was ist gut gelaufen?

➤ Was kann besser gemacht werden?

➤ Hat die Planung gestimmt?

➤ Wurden alle TOPs bearbeitet?

➤ Wurden die Besprechungsziele erreicht?

Terminfindung

In neun von zehn Fällen werden Besprechungen über die Einladen-Funktion von Outlook oder Lotus Notes organisiert (siehe Seite 59 für Outlook und Seite 61 für Lotus Notes). Sie funktionieren hervorragend und sehr komfortabel, solange alle Beteiligten ihre Kalender pflegen. Beide Systeme haben den Nachteil, dass Sie keine Termine zur Vorauswahl anbieten können. So geht dann doch oft ein zeit- und energiefressender Reigen des Nachtelefonierens und Verschiebens los.

Manche helfen sich, indem sie in Outlook das Umfrage-Tool nutzen (siehe Seite 38) und so mit den unbedingt benötigten Teilnehmern den Termin vorab klären.

Eine andere Möglichkeit ist der Online-Dienst Doodle (www.doodle.com). Er bietet sehr unkompliziert die Möglichkeit, über eine Webseite in einer Tabellenabfrage mit vielen Personen Termine abzustimmen. Der große Vorteil dabei ist, dass die Angeschriebenen nur einen Internetzugang brauchen. Der Nachteil ist, dass der Termin – wenn er per Doodle bestätigt ist – noch nicht im Kalender steht. Entweder senden Sie nach der Doodle-Abstimmung eine Besprechungsanfrage (empfohlen) oder Sie informieren per E-Mail oder Telefon.

Doodle bietet den „Doodle Outlook Connector" an, der die Synchronisation übernimmt. Dieser wird momentan kostenfrei bei Doodle zum Download angeboten. Falls Sie das gerne im Unternehmen nutzen möchten, sprechen Sie bitte Ihren Systemadministrator an, ob die Installation für Ihre Serverumgebung infrage kommt.

Sie können das kostenlose Tool ohne Registrierung nutzen; außerdem gibt es das kostenpflichtige, werbefreie Premium Doodle mit Gestaltungsmöglichkeiten.

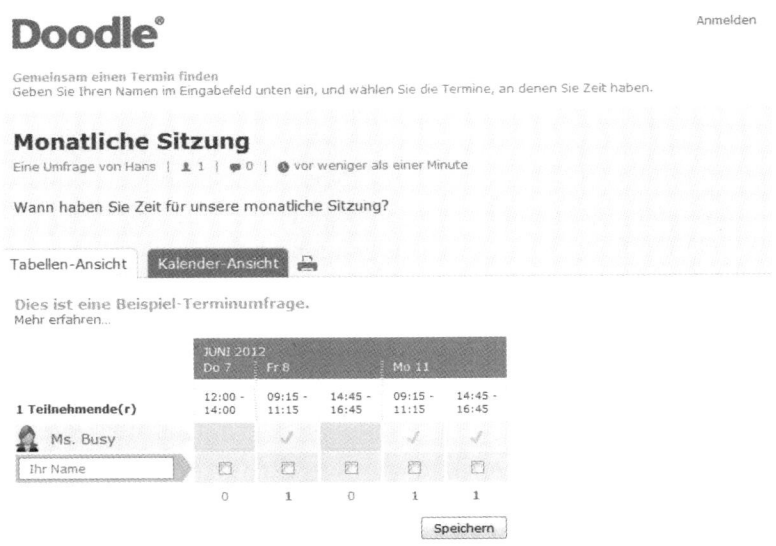

Abbildung 58: Beispiel einer Doodle-Terminumfrage

Agenda

Die Agenda – oder Tagesordnung – wird, um den Teilnehmern die Vorbereitung zu erleichtern, möglichst einige Tage vor der Besprechung verschickt. Manchmal auch mit der zu erwartenden Präsentation als Anlage. Die Agenda ist tabellarisch aufgebaut.

Für jeden Punkt der Agenda wird ein Zeitfenster festgelegt, an das sich die Redner auch halten sollten. Benennen Sie auf der Agenda auch das Ziel jedes einzelnen Punktes. Soll informiert werden? Muss eine Entscheidung getroffen werden? Sollen Arbeitspakete geschnürt und verteilt werden? Darüber sollte im Vorfeld Klarheit herrschen und das sollte auch kommuniziert werden, damit am Ende nicht die Erkenntnis steht: »Viel geredet, aber nichts geschafft.«

Üblicherweise bleibt die Besprechungsgruppe konstant, auch wenn alle Themen der Agenda nur wenige am Tisch betreffen. Versuchen Sie doch einmal Folgendes: Fangen Sie mit der großen Gruppe an. Setzen Sie »Allgemeines« als TOP1 und direkt danach die Punkte, die alle betreffen. Anschließend gehen nach und nach die Teilnehmer, die bei den noch folgenden Themen nicht mehr dabei sein müssen. Am Ende sitzen dann vielleicht nur noch zwei oder drei Personen am Tisch. Diese sind aber wirklich am Thema interessiert beziehungsweise für das Thema zuständig.

SMARTE Besprechung

Diese Grundregeln fassen die wichtigsten Aspekte einer wirkungsvollen Besprechung zusammen:

Abbildung 59: SMART trifft ins Schwarze

➤ **Spezifisch:** Nennen Sie vorab den konkreten Anlass, den Vorbereitungsbedarf und das Ziel jedes einzelnen Tagesordnungspunktes.

➤ **Moderiert:** Der Moderator hat Prozessverantwortung und kontrolliert die Einhaltung der Spielregeln. Er bremst Vielredner und Abschweifer konsequent aus. Vielleicht nutzt er auch ungewöhnliche Mittel wie Rednerball, Sanduhr, Sparschwein (Zuspätkommenr zahlen einen Euro pro Minute Verspätung – geben Sie das aber bitte vorher bekannt).

➤ **Anfang vorbereitet:** Vor Beginn der Besprechung muss die Vorarbeit entsprechend der Agenda geleistet sein.

➤ **Ressourcenschonend:** Hier ist die wichtigste Ressource die Zeit der Teilnehmenden. Je genauer die Gruppe ausgewählt ist und je konzentrierter gearbeitet wird, umso besser ist die Zeit investiert. Sind Kaffee und Kekse förderlich oder eher nicht?

➤ **Termintreu:** Pünktlicher Anfang und pünktliches Ende sind wichtig.

Raum

Die Raumgestaltung hat Auswirkungen auf das Ergebnis: Steht die Kommunikation im Mittelpunkt, sollten die Teilnehmenden einander ansehen können. Wird präsentiert, ist natürlich die Leinwand der Mittelpunkt des Interesses und der freie Blick dorthin wichtig. In vielen Unternehmen hat der Organisator der Besprechung wenig Einfluss auf die Räumlichkeiten – eher muss man dankbar sein, überhaupt einen Besprechungsraum buchen zu können. Wenn es sich um ein eher formloses, internes Treffen handelt, kann es vielleicht auch an Stehtischen stattfinden. Es hat sich gezeigt, dass »Stehungen« (Abwandlung von Sitzungen) schnelle und gute Ergebnisse liefern.

Wenn Sie zu einem Workshop einladen, ist es sehr wichtig, dass der Raum eine ausreichende Größe hat. Denn oft müssen Flipcharts und Metaplanwände bewegt werden, man setzt sich in Kleingruppen zusammen, macht eine Übung, benötigt in einer anderen Phase Tische. Am besten machen Sie einen Stuhlkreis, stellen Flipchart, Moderationskoffer und zwei Metaplanwände bereit und reihen einige Tische an der Wand entlang auf.

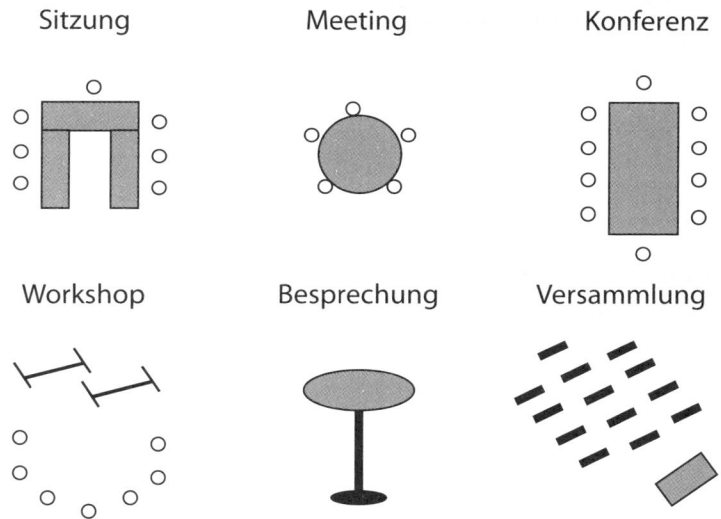

Abbildung 60: Raumgestaltung für verschiedene Anlässe

Raumklima

Was immer geht: Lüften! Alternativ für eine gute Einstellung der Klimaanlage sorgen (lassen). Es ist wirklich nicht förderlich für das Arbeitsergebnis, wenn die Luft stickig ist oder die Teilnehmer frieren. Gehen Sie eine halbe Stunde vor Beginn in den Raum und prüfen Sie die Temperatur.

Verpflegung

Es muss geklärt werden, ob und was auf den Tischen oder auf einem Bestelltisch steht. In den letzten Jahren hat sich eine neue Bescheidenheit gezeigt; so erlebte ich schon Besprechungen, bei denen es einen Krug Leitungswasser gab – was ich persönlich absolut in Ordnung finde. Für externe Gäste darf es gerne etwas mehr sein: Kaffee und Tee, Saft und Wasser, etwas Gebäck und Obst. Auch hier lauert manche Falle: Eine Führungskraft und deren Assistentin hatten einen ernsthaften Zwist über die Darreichung der Tafeltrauben. Der Vorgesetzte hatte erwartet, dass sie in handliche Büschelchen von vier bis fünf Trauben getrennt wären. Die Assistentin fand, dass es nun sicherlich nicht ihre Aufgabe sein könne, Obst zuzuschneiden. Auch Kekse, einfach in dem Kunststoff-Innenteil der Verpackung auf den Tisch gestellt statt auf einen Teller gelegt, waren schon Anlass für eine Rüge. Versuchen Sie daher, Anforderungen so klar wie möglich zu benennen oder zu erfragen.

Protokoll

Übersicht der Protokollarten

Die Protokollarten werden nach ihrer Ausführlichkeit unterschieden.

➤ **Wörtliches Protokoll (Vollprotokoll):** Jeder Redebeitrag wird wortwörtlich festgehalten. Nichts wird zusammengefasst oder ausgelassen, auch nicht Zwischenrufe oder sonstige Reaktionen der Zuhörer. Diese Form wird heute noch bei Gerichtsverhandlungen, Parlamentsdebatten et cetera eingesetzt.

➤ **Ausführliches Protokoll (Diskussionsprotokoll, Verlaufsprotokoll):** Der gesamte Verlauf einer Sitzung wird wiedergegeben, aber nicht wörtlich. Das Zustandekommen von Ergebnissen muss für den Leser des Protokolls nachvollziehbar sein. Der Name jedes Redners wird bei jedem Beitrag vermerkt.

➤ **Kurzprotokoll:** Hier sind die Inhalte oder Kerninformationen der Sitzung enthalten. Die Sache steht im Vordergrund, die Namen der Redner entfallen meist.

➤ **Ergebnis- oder Beschlussprotokoll:** Nur die Ergebnisse, Beschlüsse und Entscheidungen werden dokumentiert. Das Zustandekommen derselben spielt eine untergeordnete Rolle. Das Gesprochene wird auf Kernaussagen reduziert. Wichtig ist das Beschlussprotokoll als Grundlage für das weitere Vorgehen.

➤ **Protokollähnliche Niederschriften/Berichte:** Zum Beispiel Gedächtnisprotokoll, Telefonnotiz, Aktennotiz. Ein solches Protokoll kann im Nachgang eines Gespräches erstellt werden, wenn im Verlauf erst seine Bedeutung deutlich wurde und die wesentlichen Aussagen festgehalten werden sollen.

Im Firmenalltag wird meistens ein tabellarisches Ergebnisprotokoll erstellt, das die Frage beantwortet: Wer macht was bis wann mit wem? Es kann die Agenda zugrunde gelegt werden, ergänzt um die Spalten »Ergebnis oder Entscheidung«, »Durchführung durch«, »bis zum«.

Es ist auch möglich – wenn das Protokoll während der Besprechung direkt in ein entsprechendes Formular getippt wird – am Ende der Besprechung dieses an die Leinwand zu projizieren, direkt von allen Teilnehmenden freigeben zu lassen und sofort per E-Mail zu verschicken. Im Anhang finden Sie Muster dafür, ebenso unter www.sigridhess.de/downloads.html

Protokollkopf

Allen Protokollarten gemeinsam ist der informative und übersichtliche Protokollkopf. Hier stehen die wichtigsten Angaben über Ort und Zeit der Besprechung, Thema, Teilnehmer und einiges mehr. Im Einzelnen sollte dort Folgendes vermerkt sein:

Was?	Besprechungsthema oder Hauptgesprächspunkt
	Tagesordnung
Wer?	Bezeichnung der Gruppe oder Bezeichnung der Versammlung
Teilnehmerliste	Name aller Teilnehmenden und Eingeladenen in den Rubriken:
	anwesend, nicht anwesend, nur zu bestimmten Tagesordnungspunkten oder in Vertretung anwesend
Verteiler	Wer wird das Protokoll erhalten?
Name des Protokollanten	Wer führt Protokoll?
Wann?	Datum
	Uhrzeit (von/bis)
	Datum der Protokollerstellung
	Datum und Uhrzeit der nächsten Sitzung
Wo?	Ort
	Gebäude
	Raum

Sprache

Im Protokoll verwendet man den Konjunktiv. Der Protokollant gibt wieder, was gesagt worden ist. Die Sprache muss neutral sein. Die Äußerungen der Teilnehmer sind zunächst keine Fakten. Die Zeitform ist das Präsens.

Nicht so	Sondern so
Meier beschwerte sich über die Wartezeiten in der Kantine.	Meier sagt, die Wartezeiten in der Kantine seien zu lang.

Kreative Protokolle

Wenn das Protokoll keinen formalen Kriterien genügen muss, sondern nur eine Gedächtnisstütze für die Teilnehmenden darstellt, können Sie auch ganz kreativ protokollieren. Bei einem Kongress, den ich besucht habe, gab es farbige Mindmap-Protokolle. Von Hand erstellt, eingescannt und zum Download bereitgestellt. Wenn ein Moderator die Besprechung begleitet, bietet sich ein Fotoprotokoll der Pinnwände und Flipcharts an. In manchen Häusern gibt es interaktive Whiteboards, die die Visualisierung gleich zur elektronischen Weiterverarbeitung zur Verfügung stellen oder auch ausdrucken.

Gibt es bei Ihnen das elektronische Notizbuch One Note? Seit dem Microsoft-Office-Paket 2010 ist es im Lieferumfang enthalten. Es eignet sich hervorragend für das formlose Protokollieren während einer Besprechung. Obendrein ist das Notizbuch absolut teamfähig und kann sogar mehrere Bearbeiter am selben Dokument gleichzeitig verwalten.

Telefonkonferenz, Videokonferenz, Telepräsenz, Webkonferenz

Hier tut sich an technischen Möglichkeiten im Moment so viel, dass alles, was heute zu Papier gebracht wird, nach Druck des Buches schon wieder kalter Kaffee ist. Daher will ich mich an dieser Stelle auf Grundsätzliches beschränken.

Eine Telefonkonferenz ist technisch am wenigsten anspruchsvoll und auch schon am längsten verfügbar. Sie ist gut geeignet für ein kleineres Team (maximal 5 Teilnehmer), das sich kennt und einfach einige Punkte abklären möchte oder sich gegenseitig auf den neuesten Stand bringt – also reine Sachinformationen austauscht. Wenn es Ihnen als Teilnehmer einer Telefonkonferenz nicht möglich ist, alleine in einem Raum zu sein, sollten Sie ein Headset benutzen, um Nebengeräusche so gering wie möglich zu halten. Wenn es mehr als vier Teilnehmende sind, sollte einer der Teilnehmer die Konferenz moderieren, um gleichzeitiges Sprechen zu kanalisieren. Es ist auch darauf zu achten, dass alle Beteiligten zu Wort kommen. Manche leisere Personen finden sonst womöglich kein Gehör – da sie in diesem Fall auch nicht gesehen werden. So ist es Aufgabe des Moderators, immer wieder reihum das Wort zu erteilen und auch die Ergebnisse zusammenzufassen. Konferenzen am Telefon sind aber mittlerweile aus der Mode.

Webkonferenzen liegen zwar im Trend, sind aber in den Chefetagen alles andere als populär. Sie bieten sich an, wenn ein Vortragender von vielen Teilnehmenden gehört werden soll. Die technischen Anforderungen sind recht unkompliziert, wenn die Teilnehmenden sich lediglich per Chat beteiligen. Vorteilhaft ist für die Teilnehmer, eine Präsentation betrachten und die Stimme des Vortragenden hören zu können. Man kann so den Ausführungen sehr konzentriert folgen. Gerade auch für Lerninhalte oder die Vermittlung technischen Wissens bietet sich diese Form an. Gestik und Mimik und auch die Interaktion der Teilnehmenden fehlen allerdings bei dieser Konferenzform.

Videokonferenzen haben einen Kanal mehr als Telefonkonferenzen, man kann die Teilnehmenden nicht nur hören, sondern auch sehen. Allerdings meist nur in einem kleinen Fensterchen auf dem Bildschirm, was einen Großteil der Körpersprache ausblendet. Recht neu sind hingegen aufwendig ausgestattete Telepräsenz-Systeme. Hierbei kommen hohe Bandbreiten und hochauflösende Bildschirme zum Einsatz, um dem Nutzer ein beinahe lebensechtes Abbild seines Gesprächspartners zu bieten. Besonders mit der HD-Auflösung von 1.080 Pixeln erreicht das Gespräch das Niveau einer realen Begegnung, was die Interaktion erleichtert. »Die Technik wird möglichst vor den Gesprächsteilnehmern versteckt, damit die Kommunikation einfach zu handhaben ist«, erläutert Kay Ohse, Regional Sales Director Germany beim Anbieter Polycom.[6]

Abbildung 61: Telepräsenzanlage von Polycom

Bei solchen Telepräsenz-Systemen, bei denen sich die Teilnehmenden praktisch in Lebensgröße und auf Augenhöhe gegenübersitzen, sind Gestik und Mimik ebenso wahrnehmbar wie bei einem persönlichen Treffen. Voraussetzung ist dabei natürlich eine sehr hohe Datenübertragungsrate, sehr große Bildschirme und eine einwandfrei funktionierende Technik. Dennoch: Verglichen mit dem Aufwand an Zeit und Geld, verbunden mit der Störanfälligkeit von Reisen über Kontinente und Zeitzonen, halte ich diese Systeme für sehr wirtschaftlich. Ganz besonders in Unternehmensbereichen, die von internationaler Interaktion leben.

7.   Ordnungskonzepte

5-S-Aktion – Den Schreibtisch entrümpeln

Ihr Schreibtisch ist Ihre Visitenkarte, an seinem Aussehen werden Sie gemessen. Vorbei ist die Zeit, als ein leerer Schreibtisch signalisierte: Ich habe zu wenig zu tun, ich langweile mich oder bin nicht wichtig. Das Gegenteil ist inzwischen der Fall. Ein ordentlicher, gepflegter Schreibtisch steht für gute Organisation, der Besitzer hat »seinen Laden im Griff«. In der Hitze des Arbeitsgefechts ist die Schreibtischoberfläche natürlich manchmal unter Ordnern und Papieren verschwunden, aber am Ende des Arbeitstages findet alles wieder seinen Platz. Wohl fühlen sollen Sie sich hier in jedem Fall, denn Sie verbringen schließlich viele Stunden Ihres Lebens an diesem Platz. Also sorgen Sie mit Freude für eine freundliche Umgebung.

Für das ganz praktische Aufräumen am Arbeitsplatz und im gesamten Büro hat sich die 5-S-Aktion aus dem Kaizen-Programm bewährt. Kaizen ist ein Konzept zur Qualitätsverbesserung und bedeutet »Weg zum Besseren«. Jeder Weg wird in Schritten gegangen. Fangen Sie doch am besten gleich an!

➤ **Sichten:** Prüfen Sie Ihren Arbeitsplatz mit den Augen eines Fremden. Was nehmen Sie wahr? Prüfen Sie den Inhalt der Schubladen. Ist das, was darin ist, am richtigen Ort? Wird es benötigt? Funktioniert es?

➤ **Sortieren:** Fragen Sie bei jedem einzelnen Stück auf und in Ihrem Schreibtisch: Benutzen Sie es? Gehört es hierher? Gefällt es

Ihnen? Bei dreimal Nein verschenken Sie das Stück – oder werfen Sie es weg!

➤ **Säubern:** Die Schreibtischoberfläche sorgfältig leer räumen und abwischen, auch die Stifteschalen und -köcher. Sind die Stifte vielleicht besser in der obersten Schublade aufgehoben (oft gibt es so eine ganz flache Stiftelade)? Funktioniert jeder Stift? Jede Schublade einmal leeren und auswischen. Danach die Dinge, die mindestens ein Ja hatten, sorgfältig einräumen.

➤ **Standardisieren:** Was gehört wohin? Wo ist der beste Platz für Locher, Tacker, Stifte, Post-its? Haben Sie nur Nachfüllvorrat hier, der auch passt (zum Beispiel die Klammern für den Tacker)? Sind die bevorrateten Büromaterialien in Ihrem Handvorrat zueinander passend (zum Beispiel Trennblätter und -laschen)? Wie sieht es in den gemeinsam genutzten Bereichen wie Büromateriallager und Teeküche aus? Definieren Sie Standards und halten Sie diese fest.

➤ **Ständige Verbesserung:** Wann immer Ihnen etwas einfällt oder begegnet, das ein bisschen besser ist als das, was Sie haben, setzen Sie es um oder fragen Sie danach. Schärfen Sie Ihren Blick für die kleinen Dinge, die unberechtigt Aufmerksamkeit fordern, ohne einen Nutzen zu bringen. Ein gutes Indiz für Verbesserungsbedarf ist der »Nerv-Faktor«. Was Sie immer wieder ärgert, sollte verändert werden.

Kanban-Karte

Im gemeinsamen Büromateriallager fehlt immer mal wieder etwas – doch keiner fühlt sich zuständig, auf zur Neige gehende Bestände zu achten. So können Sie versuchen, Abhilfe zu schaffen: Legen Sie eine Karte (in einer bestimmten Farbe) auf den Bestellbestand (zum Beispiel auf die vorletzte Packung des Druckerpapiers). Darauf wird Folgendes notiert: Name des Artikels, Lieferant, Bestellnummer, Bestellmenge, Lieferzeit, Preis und Mindestbestellmenge, gegebenenfalls auch ein Foto des Artikels. Wer die Karte »freilegt« ist verpflichtet, sie im Posteingangsfach der Stelle, die für die Bestellung zuständig ist, abzugeben. Erstaunlicherweise funktioniert das sehr gut.

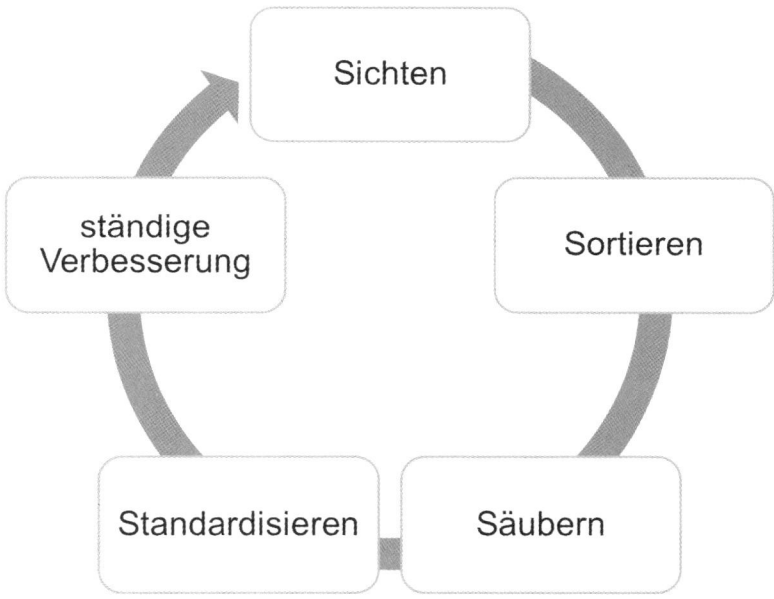

Abbildung 62: Übersicht 5-S-Aktion

One-Point-Lesson

Ein weiteres Ärgernis sind kleine Aufgaben, die »mangels Kompetenz« bestimmter Beteiligter immer von derselben Person ausgeführt werden. So zum Beispiel Kaffeemaschine entkalken oder Toner ersetzen. Hängen Sie eine kurze, übersichtliche und bebilderte Anleitung auf. Oft gibt es diese auch im (PDF-)Handbuch des Herstellers. Dann kann niemand mehr sagen: »Oh, ich kann das aber nicht!«

8. Dynamische Dokumente – Ordnung am Platz

Hier ist der Dreh- und Angelpunkt Ihres Büros. Dynamische Dokumente haben gemeinsam, dass mit ihnen noch etwas geschehen muss. Sie sind in Arbeit, gehören zu einem laufenden Projekt, warten darauf, dass es weitergeht – jedenfalls brauchen Sie diese Unterlagen in Ihrem unmittelbaren Arbeitsumfeld.

Dieser Umstand verleitet dazu, sie einfach auf den Schreibtisch zu legen. »Dann sehe ich es und vergesse es nicht!« ist ein gerne genanntes Argument. Wenn es sich dabei um drei Papiere handelt, ist an dieser Methode auch wenig auszusetzen. Ebenso wenig an drei E-Mails, die im Posteingang liegen. Üblicherweise aber wachsen sich die »eben mal hingelegten« Papiere zu gehörigen Stapeln aus. Möglicherweise weiß der Besitzer des Stapels ja noch, dass das gesuchte Dokument rechts ein grünes Logo hatte und sich im drittem Stapel, etwa auf der Höhe von zwei Zentimetern von unten gemessen befinden muss. Aber im Vertretungsfall nützt dieses Wissen gar nichts – und unproduktive und nervtötende Sucherei beginnt. Denn dass die Unterlage auf dem Tisch liegt, heißt noch lange nicht, dass sie auch sichtbar ist.

Sichtbar ist nicht gleich übersichtlich! Das gilt für Papiere ebenso wie für E-Mails. Was zeichnet denn eine übersichtliche dynamische Ablage aus? Sie ist:

➤ schnell: Das Ablegen und Herausnehmen muss mit zwei, drei Handgriffen möglich sein;

➤ beschriftet: Was ist wo? Mit einem Blick soll man es erkennen können;

➤ sicher: Terminsachen dürfen nicht übersehen werden;

➤ priorisiert: Wirklich wichtige und/oder dringende Dinge müssen markiert sein;

➤ vertretungssicher: Durch genaues Hinschauen sollte auch eine unerwartete Vertretungssituation gemeistert werden können.

Diese Grundsätze gelten in der papierhaften wie in der elektronischen Ablage. Ich spreche hier zunächst über die papierhafte Dokumentenführung. Mit den E-Mail-Werkzeugen des vorangegangenen Kapitels lässt sich ebenso in Outlook und Lotus Notes arbeiten.

Wonach ordnen Sie dynamische Dokumente? Genauso wie die Dokumente, die Sie in Ordner ablegen? Nein? »Automatisch« legen Sie das Wichtigste zuoberst hin; legen Sie die Dinge, die Sie morgen im Team besprechen wollen, in eine gemeinsame Mappe; legen Sie den Buchungsbeleg für die Reise am Reisetag »auf Wiedervorlage«. Sie kämen nicht auf die Idee, die Unterlagen für die Teambesprechung erst in den entsprechenden Themenordnern im Schrank zu verstauen, um sie dann wieder herauszunehmen. Das Prinzip dahinter ist, dass für die dynamische Ablage nach dynamischen Eigenschaften des Dokumentes sortiert wird, und für die statische Ablage nach statischen Eigenschaften.

Wie aber organisiert man eine dynamische Ablage? Das kommt darauf an. Besonders auf die Menge des Papiers, das bei Ihnen anfällt. Daran bemisst sich die Größe der Behältnisse, die Sie für das Papier benötigen. Grundsätzlich gilt: Trennen Sie nach den drei Kriterien für die dynamische Ablage (siehe Abbildung 63) und vermischen Sie diese nicht.

Dynamische Eigenschaften	Statische Eigenschaften
Dringend	Erstelldatum
Vorgesetzte(r) wartet darauf	Datum der Durchführung/des Gültigwerdens
Muss abgelegt werden	Ersteller/Verantwortliche Person
Braucht Herr Maier	Empfänger
Wartet auf eine Freigabe vom Marketing	Gegenstand
Für die Teambesprechung	Sachgebiet
Wird am 23. Juni gebraucht	Identifikationsnummer
Weiter, wenn die Zahlen vom Controlling da sind	Art des Dokumentes

- Das wird an einem bestimmten Tag benötigt.

Termin

- Damit ist jetzt etwas zu tun.

Aufgabe

- Das wird später – zu unbekanntem Zeitpunkt – gebraucht

Wartet

Abbildung 63: Drei Kriterien für die dynamische Ablage

Überquellende Terminmappen (diese meist schwarzen Pultordner mit Register 1–31) entstehen meist wie folgt: Sie nehmen sich eine Arbeit an einem bestimmten Tag vor. Daher legen Sie diese Aufgabe in das Fach des Tages. An diesem Tag kommen Sie aber nicht dazu, dann wandert die Unterlage einen oder mehrere Tage weiter … Am Ende hatten Sie die Aufgabe etwa sieben Mal in der Hand, ehe damit etwas geschehen ist. Und sieben Mal haben Sie wahrscheinlich gedacht: »Oh nein, das wäre heute auch noch dran gewesen!«

Noch eine weitere Sache ist unpraktisch: Wenn eine Unterlage gebraucht wird, die sich in der Terminmappe befindet, muss man genau wissen, unter welchem Datum sie eingeordnet wurde, sonst muss man die ganze Mappe durchsuchen. Hier und da wird empfohlen, in die Terminmappe lediglich eine Terminkarte oder eine Kopie einzulegen, zusammen mit einem Hinweis auf das Dokument und seinen Aufbewahrungsort. Das klingt plausibel und logisch: Lege in die wenig übersichtliche Mappe nur den Verweis, das eigentliche Dokument ist am thematisch passenden Ort. Allerdings sehe ich das in der Praxis fast nie, es wird als zu umständlich empfunden. Eher noch würde ich den Aufgaben- oder Terminhinweis in den Outlook-Kalender schreiben.

Fazit: Terminmappen sind prächtig für Unterlagen, die an einem bestimmten Termin gebraucht werden – und nur dann. Und auch nur, wenn das Gesamtvolumen der zu verwahrenden Unterlagen übersichtlich ist. Es handelt sich hierbei um liegende Ablage, die recht viel Platz beansprucht.

Abbildung 64: Pultordner von Leitz

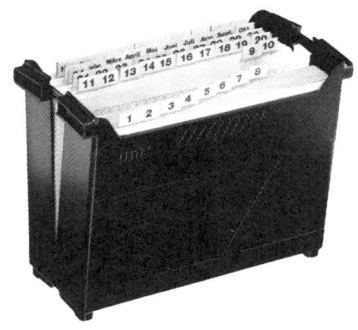

Abbildung 65: Termin-Set von Leitz

Einstellmappen

Haben Sie größere Volumen an Unterlagen für Termine vorzuhalten, bietet sich eine hängende oder stehende Loseblattablage an. Das kann beispielsweise das Termin-Set von Leitz sein (siehe Abbildung 65). Dabei handelt es sich um Einstellmappen mit Reitern von 1 bis 31 und von Januar bis Dezember. Auch Wochennummern können sinnvoll sein. In dieser Box können Unterlagen für Termine übersichtlich und sicher aufbewahrt werden.

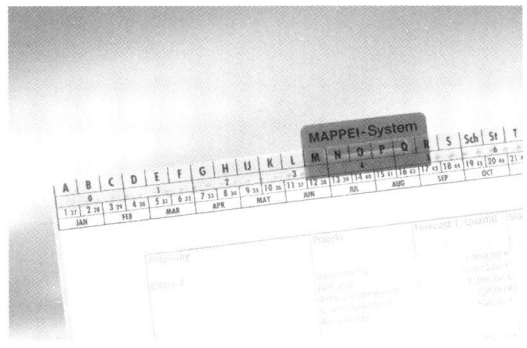

Abbildung 66: Aktionsmappe von Mappei

Abbildung 67: Dynamische Ablage in Kategorien von Mappei

Abbildung 68: Wiedervorlage von Mappei

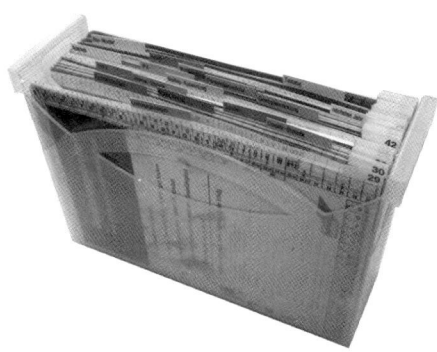

Abbildung 69: Wiedervorlage nach Wochen von Mappei

Einstellmappen perfektioniert hat die Firma Mappei, deren Produkte auf den Abbildungen 66 bis 69 zu sehen sind. Hier beruht das ganze System des Dokumentenflusses auf Einstellmappen, die Unterlagen in kleinen Einheiten zusammenfassen. Diese Einstellmappen sehen aus wie Aktendeckel, haben seitlich aber Flügel, die ein Herausfallen der Schriftstücke verhindern. An der oberen und der rechten Kante sind Kennungen aufgedruckt, um Reiter genau positionieren zu können. Im Gegensatz zu Hängemappen ist das Alphabet in einer Reihe angeordnet, sodass jeder Anfangsbuchstabe eine ganz genaue Position hat. Zudem werden die Mappen von A bis Z von hinten nach vorne angeordnet. Das hat den Vorteil, dass die Beschriftung des Reiters sehr viel besser lesbar ist – denn der Anfang des Wortes wird nicht von davor stehenden Mappen verdeckt. Die Reiter sind zudem in zwanzig Farben verfügbar, was – bei gezieltem Einsatz – das Finden auf einen Blick noch leichter macht.

Ein solches System eignet sich hervorragend für die dynamische Ablage. Termine, Aufgaben und wartende Unterlagen können sauber und übersichtlich untergebracht werden. Platzsparend ist das System obendrein. Unterschätzen Sie aber bitte nicht den Planungsaufwand dafür. Das System funktioniert nur dann perfekt, wenn das dahinterstehende Konzept für die zu bearbeitenden Prozesse sorgfältig maßgeschneidert wurde.[7]

Ähnliche Produkte erhalten Sie übrigens auch von der Firma Classei. Beide Systeme lassen sich gut in vorhandene Auszüge für Hängeregistraturen einhängen.

Hängemappen

Und die Hängeregistratur? Die Hängemappen, die sich in fast jedem Büro finden? Für diese ist oft die unterste Schreibtischschublade vorgesehen – worin sich allerdings einer stichprobenhaften Untersuchung zufolge oftmals mausetote Akten befinden, gerne auch die Handtasche oder Ersatzschuhe.

Generell sind Hängemappen prima und eignen sich für viele Einsatzzwecke, sowohl für die statische wie auch die dynamische Ablage – wenn sie gut eingerichtet und gepflegt ist. Verglichen mit den Einstellmappen nimmt eine Hängetasche mehr Papier auf. Das kann ein Vorteil oder ein Nachteil sein. Ist eine Hängetasche mit nur wenigen Blättern befüllt, benötigt sie dennoch einigen Platz durch die Hängemechanik. Es gibt auch Hängehefter; diese sind wie Schnellhefter aufgebaut. Sie werden häufig für Personalakten verwendet. Dafür ist das auch durchaus sinnvoll, denn die Unterlagen dort werden streng chronologisch abgelegt. Also kommt es sehr selten vor, dass ein Blatt aus der Mitte entnommen werden muss oder zwischen anderen Blättern eingeheftet werden soll. (Eine solche Aktion ist mit dieser Heftmechanik sehr umständlich.) Bei dem Hängehefter handelt es sich um eine statische Ablage, weil die Dokumente nicht mehr weiter bearbeitet werden müssen. Die dynamische Ablage erfordert schnelle, sichere Handgriffe zum Ablegen und Herausnehmen. Daher eignet sich nur die Loseblattablage für diesen Zweck.

Abbildung 70: »Historische Entwicklung« in der Hängeregistratur

Abbildung 71: Gepflegte Hängeregistratur

Konzept für die dynamische Ablage

Für die Konzeption ist in ganz besonderem Maße die Menge des zu beherbergenden Papiers ausschlaggebend. Sortieren Sie alle Papiere im ersten Durchgang lediglich nach dem Kriterium »fertig / nicht fertig. Alles, was fertig ist, kommt in die statische Ablage – oder in den Papierkorb. Betrachten Sie dann die Unterlagen, die nicht fertig sind. Was muss mit ihnen geschehen? Wie viel ist es jeweils? Sind diese Unterlagen nur an Ihrem Platz wichtig oder müssen sie »wandern«?

Sehen Sie sich nochmals die dynamischen Dokumenteneigenschaften vom Anfang des Kapitels an. Ordnen Sie nun im zweiten Durchgang nach den drei Kriterien »Termin«, »Aufgabe«, »Wartet«, wie oben beschrieben. Alle Terminsachen wandern in die Wiedervorlage. Die Aufgaben werden nach Kategorien oder Aktionen geordnet. Wartende Unterlagen erhalten ein gesondertes Fach. **Achtung:** Bei »Wartet« handelt sich nur um Unterlagen, die momentan keine Aktion von Ihnen brauchen und keinen Termin haben, sonst sind sie hier nicht richtig. Meist handelt es sich um Dinge, bei denen unklar ist, ob ein Projekt daraus wird oder nicht.

Bilden Sie dann Kategorien, die zu Ihren Unterlagen passen. Weisen sie danach jeder Kategorie eine Farbe zu. Idealerweise passen die Kategorien, die Sie hier definieren, auch zu denen, die Sie in Outlook verwenden. Farbcodes, bewusst zugeordnet und durchgehalten, sind sehr hilfreich. Der Mensch nimmt einen Großteil der Eindrücke über die Augen wahr, und eine Farbe wird sehr gut im Gedächtnis verankert. Für Mappen, Reiter, Klebezettel und Markierungen mit Farbstift gilt: Verwenden Sie die Farben nicht willkürlich. Vielleicht ist ein grüner Klebezettel das Zeichen, dass hier etwas besprochen werden muss. Konsequenterweise haben Mappen mit Unterlagen zur Besprechungsvorbereitung grüne Reiter und Besprechungstermine erhalten eine grüne Kategoriefarbe. Ebenso können Reisen blau sein und Produktinformationen gelb – lassen Sie Ihrer Fantasie freien Lauf!

Eine andere Möglichkeit, die Mappen zu benennen, ist nach Tätigkeiten. Dann heißen die Mappen: »telefonieren«, »recherchieren«, »warten«, »nachschlagen«, »besprechen«. Das hat Vorteile bei vielen kleinteiligen Vorgängen, die keine Projektnummer und womöglich nicht einmal einen Namen haben. Fassen Sie diese nach der nächsten Aktion zusammen, die durchgeführt werden muss, um die Sache einen Schritt voranzubringen.

Muster für eine dynamische Ablage

Hier ist ein Beispiel für eine mögliche Einteilung der dynamischen Ablage. Ich persönlich mag die Wiedervorlage nach Kalenderwoche. Findet eine Reise beispielsweise in KW 38 statt, kommt die komplette Mappe mit blauem Reiter – darauf steht der Name der Reise – hinter die Wochenmappe mit der Nummer 38. Das genaue Datum steht ja im Kalender, es muss nicht zwingend aus der Wiedervorlage hervorgehen. Dinge, die in einer bestimmten Woche laufen müssen, kommen also direkt dorthin. Einzelne Blätter werden in die Mappe eingelegt, umfangreichere Dokumente in ihrer eigenen Mappe direkt dahinter. Über den farbigen Reiter und das Stichwort (oder die Projektnummer) werden die Unterlagen auch dann sofort gefunden, wenn man über die zugehörige Kalenderwoche nicht im Bilde ist.

In dem Behältnis steht die aktuelle Woche immer vorne. Am Freitagnachmittag wird die leere Mappe wieder ganz hinten eingereiht. Im Gegensatz zur »klassischen« Wiedervorlage mit Tagen und Monaten haben Sie hier ein ganzes Jahr sofort im Blick und müssen nicht an jedem Monatsersten umräumen.

Wiedervorlage nach Wochen 1–52	52 Mappen mit der Wochennummer auf dem Reiter	Termin
Themen nach Kategorien	rosa – Recherche, Listen, nachschlagen gelb – Produkte (Ihr Kerngeschäft) blau – Reisen grün – Besprechungen orange – Projekte	Aufgabe
Kurzfristiges nach Aktion	rot – zum Beispiel lesen, telefonieren, buchen, fragen gegebenenfalls auch warten	

Besondere Überwachung in der dynamischen Ablage

Wenn Sie viele gleichartige papierhafte Vorgänge überwachen, ist eine Hängeregistratur mit Organisationsleiste eine sehr wirkungsvolle Hilfe. Auf der Leiste oben sind Skalen aufgedruckt, die mit verschiedenfarbigen Fenstersignalen markiert werden können (Abbildung 72).

Beispielsweise will eine kleine Werbeagentur ihre Aufträge überwachen. Vorne an der Leiste wird ein Schildchen eingeschoben, das den Namen des Auftraggebers trägt. Die Fenstersignale zeigen den Auftragsstatus an. Weiß beim Tagesdatum bedeutet: Angebot erstellt. Die Farbe des Fenstersignals an der Monatsskala kennzeichnet die Art des Auftrags (grün ist ein Flyer, gelb ein Plakat, blau ein Internetauftritt, rot ein Mailing). Also bedeutet ein weißes Signal auf der 12 und ein grünes auf der XI: Am 12. Juni haben wir das Angebot für einen Flyer abgegeben.

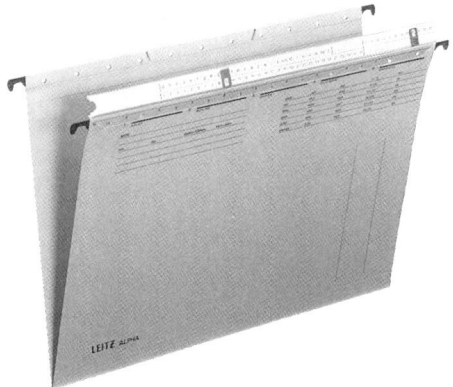

Abbildung 72: Hängetasche mit Organisationsleiste

Ein Entwurf ist gelb, ein Korrekturumlauf rot, eine Freigabe grün und der Auftrag an die Druckerei schwarz gekennzeichnet. In der Tasche befindet sich jeweils die Kopie des letzten Standes. Mit ein wenig Übung sieht man auch in einer großen Menge an Unterlagen, welche wie weit vorangeschritten sind und wo nachgefasst werden muss. Die »aus der Reihe tanzenden« Signale sind schon beim Überfliegen sehr auffällig.

Dynamische Ablage von elektronischen Dokumenten und E-Mails

Wiedervorlage und Aufgaben für Outlook und Lotus Notes wurden schon behandelt. Alle Prinzipien, die hier für die Papierablage erläutert wurden, lassen sich direkt auf elektronische Dokumente anwenden. Termin ist die Wiedervorlage beziehungsweise Nachverfolgung; Aufgaben sind die Aufgaben Ihrer Groupware, an die Sie Dateien anhängen können. Nutzen Sie diese Möglichkeit, um Dokumente sinnvoll zu bündeln.

Besonders nützlich ist hierfür die Kategoriefunktion, die in Outlook 2007 ganz neu konzipiert wurde. Jetzt sind die Kategorien in allen Outlook-Objekten gleich, es gibt eine gemeinsame Liste und 25 Farben. Damit kann eine sehr effiziente Ordnung mit einer anderen »Sicht« auf die Objekte als innerhalb der Ablage in den Ordnern erzeugt werden. (Näheres zu Sichten auf Seite 165) In jeder Ansicht lassen sich die Objekte nach Kategorien ordnen und filtern. Zusammengehörige E-Mails, Kalendereinträge, Aufgaben und Kontakte erhalten dieselbe Kategorie und damit stets dieselbe Kennfarbe. Die Verbindung ist so auf einen Blick erkennbar. Für die Suche über alle Outlook-Elemente klicken Sie in das Suchfenster, wählen im Menüband »Suchtools« (Outlook 2010, siehe Seite 28) »Alle Outlook-Elemente« und dann die gewünschte Kategorie. Sie erhalten das Suchergebnis gruppiert nach Objektart.

Kategorien in Outlook

Kategoriefarben können auch mehrfach belegt werden. Beispielsweise könnten dynamische Eigenschaften wie »Eilt«, »Rücksprache« oder »Entscheidung« mit einer führenden Raute gekennzeichnet werden und Projektnamen mit einem führenden Sternchen. Das hat den Vorteil, dass zusammengehörende Bezeichnungen auch in der Liste beisammen stehen.

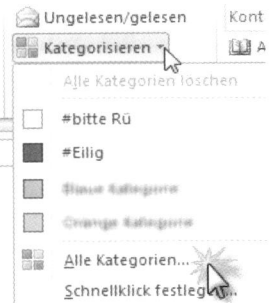

Abbildung 73: Kategorien definieren in Outlook

Klicken Sie auf Kategorien in einem beliebigen Outlook-Fenster. Sie sehen die Liste der definierten Kategorien, unten »Alle Kategorien«. Beim Klick darauf öffnet sich ein Dialogfenster, in dem Sie Ihre Kategorien anlegen können. Jedes Objekt kann mehrere Kategorien haben, die nebeneinander angezeigt werden. Die Kategorien sind im persönlichen Postfach hinterlegt. Wird ein Objekt an eine andere Person weitergeschickt, bleiben die Kategorienamen stehen, die Farben jedoch verschwinden – beziehungsweise es werden die Farben benutzt, die am Ziel-Postfach für diesen Kategorienamen hinterlegt sind.

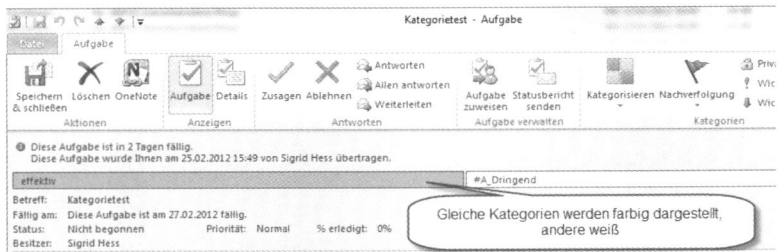

Abbildung 74: Weitergeleitete Aufgabe mit zwei Kategorien

In Lotus Notes sind die Kategorien leider nicht über alle Elemente gleich.

9. Statische Dokumente – Die Ablage organisieren

Die statischen Dokumente folgen anderen Kriterien und haben eine andere Aufgabe als die dynamischen. Üblicherweise muss damit nichts mehr getan werden, die Aufgabe ist abgeschlossen. Die Unterlagen werden aus folgenden Gründen aufbewahrt:

➤ Ansprüche nach außen sichern,

➤ Aufgabenüberwachung,

➤ Dokumentation,

➤ Gedächtnisstütze für interne Zwecke,

➤ gesetzliche Vorschriften,

➤ Terminplanung,

➤ unberechtigte Ansprüche von außen abwehren.

Loseblatt oder geheftet?

Meist ist die statische Ablage in Ordnern abgeheftet zu finden, manchmal auch in Hängeregistraturen oder in Einstellmappen. Was ist besser? Die Antwort ist wie so oft: »Kommt darauf an … « Entscheidend ist hier in erster Linie die Menge an Papier pro Vorgang. Eine Loseblattablage in Hängetaschen oder Einstellmappen eignet sich besonders bei kleinteiliger Ablage, wenn man sehr viele Themen hat, die jeweils nicht allzu viele Schriftstücke beinhalten. Das ist oft hoch oben in der Unternehmenshierarchie der Fall. Dort laufen aus allen Bereichen des Unternehmens Informationen zusammen und es gibt kaum fest definierte Arbeitsprozesse. Hier bietet sich eine kleinteilige statische Ablage an, die schnellen Zugriff erlaubt und durch Reiterfarbe, Stichwort und Standort der Mappe schon auf einen Blick drei Suchwege bietet.

Ordnung im Ordner

Der klassische Ordner gehört nach wie vor in fast allen Büros zur Basisausstattung. Vor allem bei »gewichtigen« Unterlagen, also viel Papier pro Vorgang, ist die geheftete Ablage in Ordnern beliebt und funktional. Einen Ordner anlegen ist eine Alltagsarbeit, der leider oft wenig Bedeutung beigemessen wird. Es ist gut und hilfreich, wenn es dafür Standards gibt. Auf diese Punkte kommt es an:

Ordnerrücken	**Farbe des Etiketts** Verwenden Sie definierte Etiketten.	**Beschriftung des Etiketts** Beschriften Sie das Etikett passend zum Ordnerplan.
Unterteilung Legen Sie ein Inhaltsverzeichnis an und heften Sie es obenauf.	**Art des Registers** Einfache Trennlaschen, vorgefertigtes Register (zum Beispiel A – Z), selbstbeschriftetes Register	**Beschriftung des Registers** Auch die Beschriftung des Registers folgt dem Ordnerplan.
Standort des Ordners Bestimmen Sie einen festen Platz für den Ordner.	**Verantwortliche Person** Eine bestimmte Person/ Position ist »Besitzer« des Ordners.	**Verweilzeit** Wie lange wird der Inhalt aufbewahrt?
Art der Heftung	**Kaufmännische Heftung** Neuestes Schriftstück oben/vorne	**Amtsheftung** Neuestes Schriftstück unten/hinten

Unterteilung

Register sind wichtig im Ordner. Es gibt viele vorgefertigte: A bis Z, mit Ziffern oder zum Selbstbeschriften. Persönlich verwende ich am liebsten Trennstreifen. Das sind einfache Streifen aus Karton, die es in verschiedenen Farben gibt. Wenn Sie diese am PC beschriften möchten, nehmen Sie am besten den Einzug für Umschläge und bringen Sie den Text mittels eines Textfeldes oder einer Tabelle an die richtige Position. Haben Sie eine leserliche Handschrift, können Sie die Streifen auch von Hand beschriften. Nehmen Sie dazu aber einen schwarzen Filzstift. Kugelschreiber oder Bleistift sind zu dünn und zu schlecht lesbar.

Ordnerrücken

Wüsste ich nicht von vielen Besuchen in Büros, dass es nicht selbstverständlich ist, würde ich dies hier nicht schreiben. Aber eingedenk der Erfahrung: Beschriften Sie alle Ordner einheitlich und eindeutig! Nein, die gerade noch übrigen Ordneretiketten müssen nicht zwingend aufgebraucht werden. Die Anschaffung neuer Ordner hat meines Wissens auch noch kein Unternehmen in den Ruin getrieben. Nehmen Sie für neue Inhalte neue Ordner mit neuen Etiketten, die nach einem Standard beschriftet werden, zum Beispiel Logo, Ordnercode, Stichwort, Datum. Sie finden eine Vorlage bei www.sigridhess.de/downloads.html Farben erleichtern auch hier die Übersicht. Wenn Sie keine ganzfarbigen Rückenschilder benutzen mögen, helfen auch Markierungspunkte aus dem Moderationsbedarf.

Üblich ist es, die Etiketten per PC zu beschriften. Es gibt Software der Etikettenhersteller, aber ich verwende die Etikettenfunktion von Word (*Sendungen* → *Etiketten: Auf Etikett klicken* → *Produkt wählen*). Dort gibt es die Schaltfläche »Neues Dokument«, damit überführen Sie die Etikettenmaße als Tabelle auf ein neues Word-

Dokument. Dann können Sie die Etiketten nach Ihren Wünschen bearbeiten. Hier sind Sie flexibler als bei den meisten Zusatzprogrammen. Wenn Sie ein Logo oder eine beliebige Grafik einfügen möchten, erstellen Sie dafür eine eigene Zelle in dieser Tabelle und fügen Sie das Logo mit der Option »Mit Text in Zeile« ein, damit lässt sich die Grafik innerhalb der Tabelle am besten positionieren.

Inhaltsverzeichnis

In jedem Ordner sollte obenauf zuerst ein Inhaltsverzeichnis liegen. Ein handschriftliches Blatt ist schon besser als nichts. Professionell, schnell und einfach gelingen solche Verzeichnisse mit SmartArt, welches in Word seit der Version 2007 verfügbar ist. Gerne verwende ich die »Vertikale Feldliste«. Zehn Einträge passen gut auf ein DIN-A4-Blatt. Das Ganze wird dann auf ein 160-Gramm-Papier gedruckt – fertig.

Aber auch ein einfaches Tabellenblatt genügt diesem Zweck. Vielleicht können Sie das einfach aus dem Ablageverzeichnis herausziehen? Wichtig ist, dass jemand, der üblicherweise nicht mit diesem Ordner arbeitet, auf einen Blick erkennen kann, ob sich die gesuchte Unterlage in diesem Ordner befindet oder nicht.

DIN 5007 – Alphabetische Ordnung

Die Ordnung nach dem Alphabet ist lange nicht so einfach, wie es auf den ersten Blick scheint. Die alphabetische Ordnung ist nach DIN 5007 geregelt. Einen Überblick liefert die folgende Tabelle.

Buchstabenfolge

Maßgeblich für die Ordnung ist die Buchstabenfolge des Alphabets.	**Aarens, Baumann, Christiani, Georgi**
Bei Übereinstimmung der Anfangsbuchstaben ist nach dem zweiten Buchstaben, bei erneuter Gleichheit nach dem dritten usw. zu ordnen.	**Abel, Abele, Abeler**
Die Umlaute ä, ö, ü werden wie ae, oe, ue behandelt – aber stehen nach.	**Aermann, Ärmann**
ß gilt als ss – aber steht nach.	**Rossler, Roßler**
Lautverbindungen wie ch, ck, sp, st werden wie zwei, sch wie drei selbstständige Buchstaben in der Reihenfolge eingeordnet.	**Sand, Scenz, Schüler, Seemann, Stern**

So ist es richtig: Aarens, Abel, Abele, Abeler, Aermann, Ärmann, Baumann, Christiani, Georgi, Kaiser, Maier, Meier, Meyer, Naumann, Rossler, Roßler, Rudow, Sand, Scenz, Schüler, Seemann, Stern, Vollmer, Wagner.

Wie aber gehen Sie vor, wenn zwei Kunden »Bauer« heißen? Hier benötigen Sie Ansetzungsregeln für die alphabetische Ordnung von Namen, wie sie in DIN 5007-2 geregelt sind. Ansetzen heißt: den Namen für die Ordnung vorbereiten: Dr. Adolf Klein wird angesetzt als »Klein, Adolf, Dr.« und dann unter »K« entsprechend eingeordnet.

In der DIN 5007-1, die für Wörter, zum Beispiel in Lexika, angewendet wird, sortiert man anders als in Namenslisten: ä und a sind gleich (ebenso ö und o, ü und u), während in der DIN 5007-2 ä und ae gleich gesehen werden (ebenso ö und oe, ü und ue).

DIN 5007-1: Goethe - Goldmann - Götz

DIN 5007-2: Goethe - Götz - Goldmann

Namensfolge

Erstes Ordnungswort ist der Familien- (Firmen- oder Sach-) Name, zweites Ordnungswort ist der Vorname. Weitere Ordnungsfolge: Wohnort, Straße, Hausnummer

Bauer, Albert

Bauer, Alfons, Hamburg

Bauer, Alfons, München

Bauer, Anton

Zusätze wie Gebrüder oder Geschwister werden wie selbstständige Vornamen geordnet.

Bauer, Franziska

Bauer, Gebrüder

Bauer, Hans

Vorsätze wie van oder von sowie Titel bleiben in der Ordnungsfolge unberücksichtigt.

Bauer, Otto, Freiherr von

Bauer, Paula, Dr.

Familiennamen ohne Vornamen kommen zuerst. Familiennamen mit abgekürztem Vornamen stehen vor gleichartigen ausgeschriebenen Vornamen.

Bauer

Bauer, A.

Bauer, Alf.

Bauer, Alfons

Bei Doppelnamen wird der zweite Name wie ein Vorname eingeordnet.

Bauer, Rita

Bauer-Ritter

Gesprochene Zeichen wie »&« oder »und« haben auf die Ordnungsfolge keinen Einfluss.

Bauer & Mann

Bauer, Norbert

Bauer und Partner

Bauer, Paula

Gesetzliche Aufbewahrungsfristen

Durch regelmäßiges Vernichten alter Akten schaffen Sie Platz und Übersicht. Dabei sind die Aufbewahrungsfristen zu beachten, die gesetzlich vorgeschrieben und in in drei Stufen gegliedert sind: 10 Jahre, 6 Jahre und 0 Jahre. Maßgebend hierfür ist das Handels- und das Steuerrecht. Wenn Sie den genauen Wortlaut suchen, finden Sie ihn im Handelsgesetzbuch (HGB § 257) und in der Abgabenordnung (AO § 147).

Eine kurze Liste der aktuellen Aufbewahrungsfristen für Deutschland finden Sie im Anhang. Ausführlicher und immer aktualisiert finden Sie die Informationen auch auf den Internetseiten Ihrer IHK. Wichtig ist, dass Sie um die Aufbewahrungsfristen wissen und gegebenenfalls im Unternehmen nach internen Regelungen fragen (große Unternehmen haben oft eine eigene Dokumentations-/Archivierungsabteilung). Es kann gut sein, dass die innerbetrieblichen Regelungen von den gesetzlichen abweichen. Beispielsweise müssen Angebote, denen kein Auftrag folgte, überhaupt nicht aufbewahrt werden. Es kann aber durchaus sinnvoll sein, genau das zu tun, um bei dem potenziellen Kunden zu gegebener Zeit nachzufassen und den Auftrag doch noch zu bekommen. Unterlagen zu Patenten müssen aus gesetzlicher Sicht 6 Jahre aufbewahrt werden. Aus unternehmerischer Sicht gehören sie aber zu den »Ewigen Akten« und werden für immer aufbewahrt.

Auch nach Ablauf der gesetzlichen Aufbewahrungsfristen müssen Unterlagen noch aufbewahrt werden, soweit und solange sie für die Steuererhebung von Bedeutung sind (Außenprüfung, Steuerfahndung, schwebendes Verfahren).

Wird ein Ordner ins Archiv gebracht, wird er auf jeden Fall mit der Aufbewahrungsfrist versehen, am besten in Form eines Etiketts, auf dem das Jahr der Vernichtung vermerkt ist. Diese Information ist unverzichtbar, um ein Überquellen des Archivs schon im Ansatz zu vermeiden. Steht auf jedem Ordner das Jahr seiner Vernichtung, kann auch jemand, der nichts von den Abläufen weiß, die Vernichtung der abgelaufenen Dokumente vornehmen. Sind die Ordner jedoch nicht gekennzeichnet, scheut man häufig den Aufwand, im Nachgang die zu vernichtenden Akten herauszusuchen. In der Konsequenz bleiben sie stehen und das Archiv wird immer voller.

Berechnung der Fristen

Die Aufbewahrungsfrist beginnt mit dem Schluss des Kalenderjahres, in dem der Jahresabschluss festgestellt, der Handelsbrief empfangen oder abgesandt wurde, ein Buchungsbeleg entstanden ist oder die letzten Aufzeichnungen eines Vorganges vorgenommen wurden. Die Aufbewahrungsfrist endet mit Ablauf des Kalenderjahres, das sich aus Beginn und Dauer der Frist errechnen lässt.

Wird ein Angebot mit Auftragsfolge am 20. Oktober 2011 an den Kunden abgesandt, so beginnt die Aufbewahrungsfrist mit dem Schluss des Kalenderjahres 2011, also am 1. Januar 2012. Ab dem 1. Januar 2018 können die Unterlagen vernichtet werden.

Wird eine Bilanz (zum 31. Dezember 2009) im Jahre 2010 festgestellt, das heißt von der Gesellschaft akzeptiert, so beginnt die Aufbewahrungsfrist mit dem Schluss des Kalenderjahres 2010. Die Aufbewahrungsfrist beginnt also am 1. Januar 2011 und endet mit Ablauf des Jahres 2020. Ab dem 1. Januar 2021 können die Unterlagen vernichtet werden.

Kennzeichnen Sie Akten, Ordner, Mappen, die aussortiert werden. Schreiben Sie gut sichtbar das Datum, ab dem die Unterlagen vernichtet werden können, auf den Ordnerrücken. Wenn es sich um viele Ordner handelt, erstellen Sie entsprechende Etiketten. Sie finden eine Vorlage bei www.sigridhess.de/downloads.html

Ordnerplan erstellen

Aktenplan – das klingt doch irgendwie verstaubt, schmeckt nach 10-stelligen Aktenzeichen, die man täglich nachschlagen muss, in einer 30-seitigen Liste … Wie klingt das: Auf einen Blick sehen Sie in

Ihrem Schrank und auch im Schrank der Kollegen, in welchem Ordner das gesuchte Dokument ist, denn der Ordner ist eindeutig und gut lesbar gekennzeichnet. Farbcodes, deren Legende sichtbar im Schrank hängt, erleichtern die Orientierung zusätzlich. Der Ordner ist wie erwartet mit Registern unterteilt; auch diese sind beschriftet oder es gibt ein Inhaltsverzeichnis. Mit zwei Handgriffen haben Sie das gesuchte Dokument gefunden. Die dazugehörenden elektronischen Dokumente finden sich unter den gleichen Begriffen in der elektronischen Bereichsablage. Zu schön, um wahr zu sein? Dann kann das Thema Ordnerplan doch Ihres werden!

Es gibt bewährte Methoden, sich einem einheitlichen Akten- oder Ordnerplan zu nähern. Dennoch gibt es keinen Standardaktenplan, der für alle Unternehmen gleichermaßen passend ist. Ein guter Aktenplan ist immer maßgeschneidert. Wenn Sie am Ende denken: »Das ist so einfach, warum machen wir das nicht seit zehn Jahren so?«, dann ist der Plan perfekt!

Das Hauptthema dabei ist die Teamfähigkeit. Die statische Ablage ist meist die Bereichsablage und wird von mehreren Mitarbeitern genutzt. Jeder Mitarbeiter hat eine andere Wahrnehmung und eine andere Intention beim Ablegen oder Suchen. So kommt es vor, dass Dokumente mehrfach abgelegt werden oder nicht auffindbar sind, obwohl sie eigentlich da sind.

Stellen Sie sich in Gedanken auf einen großen Parkplatz. Sie haben die Aufgabe, die Autos zu sortieren. Wie fangen Sie an? Sortieren Sie nach Marke? Nach Farbe? Nach Größe? Nach Alter? Nach Wert? Was ist richtig? »Das kommt darauf an« ist auch hier die einzige Antwort. Es kommt darauf an, was Sie damit erreichen wollen. Wenn Sie diese Übung mit Ihrem Team machen, hat ganz sicher jeder eine andere Vorstellung davon, wie es richtig ist. Ähnlich ist es bei den Dokumenten. Einer legt die Unterlage unter »Auto« ab, der nächste unter »KFZ« und der Dritte sucht vergeblich den »Fuhrpark«. Gerne heißt der Ordner im Schrank auch »Fuhrpark«, während der Ordner auf dem PC-Laufwerk »KFZ« heißt – aber prinzipiell Inhalte zum selben Thema enthält.

Der Windows Explorer sortiert in der Regel nach Ordnernamen alphabetisch. Man stellt die Ordner aber eher selten nach Alphabet in den Schrank, sondern man stellt die wichtigsten Themen nach vorne. Ebenso wäre es geschickt, wenn die elektronischen Ordner so angelegt wären, dass die wichtigsten Themen beisammen und obenan stehen. Das lässt sich einfach und praktisch mit einem Zahlencode für Ordner erreichen. Das heißt die Ordner werden mit Ziffern versehen, die sowohl in der elektronischen Ablage als auch bei der E-Mail-Ablage und im Schrank gleichermaßen verwendet werden.

Ordnungsstruktur finden

Wie fängt man die Sache denn an, wie findet man eine Ordnungsstruktur, die teamfähig ist? Hier ist eine einfache, aber wirkungsvolle Herangehensweise: Bilden Sie ein Unterstützerteam, das die Struktur erarbeitet; zwei bis sechs Personen sind eine gute Größe. Legen Sie fest, welchen Bereich Sie bearbeiten wollen. Nehmen Sie sich einen Stapel kleiner Notizzettel oder Moderationskarten und schreiben Sie spontan und aus dem Kopf alle Ordnernamen des Bereichs auf, die Ihnen einfallen. Egal, ob dieser Ordner ein papierhafter oder ein elektronischer Ordner ist. Legen Sie alle Karten in die Mitte des Tisches.

Schreiben Sie dann auf weitere Karten die Ziffern 0 bis 9 und legen Sie diese in eine Reihe. Legen Sie zu den Ziffern jetzt die Überbegriffe beziehungsweise die Namen der Ordner in der obersten Ebene. Das sind Ihre Hauptgruppen. Ordnen Sie dann die anderen Karten den Hauptgruppen zu. Sie müssen nicht alle Ziffern verwenden. Es ist gut, wenn welche frei bleiben. »Puzzeln« Sie so lange, bis alle Beteiligten zufrieden sind.

Gehen Sie dann an Ihre Arbeitsplätze, an den Schrank und an das elektronische Laufwerk und prüfen Sie, ob auch nichts vergessen wurde. Wahrscheinlich muss noch ein bisschen nachgebessert werden. Der letzte Schritt ist, die Ordner mit Nummern zu versehen.

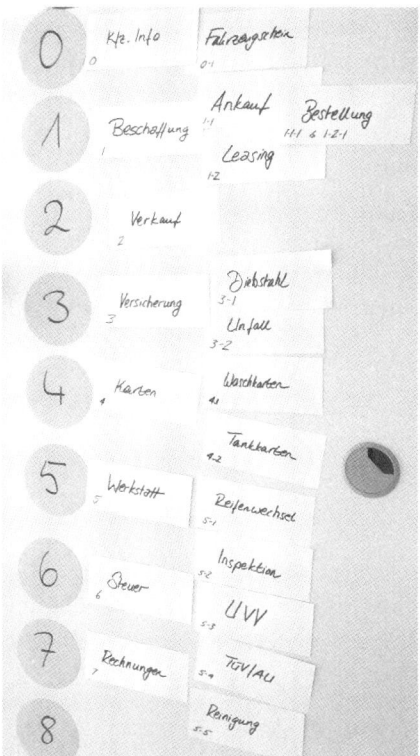

Abbildung 75: Beispiel Fuhrparkverwaltung

Klassischer Aktenplan

Der klassische Aktenplan weist die Ziffern willkürlich oder nach Bedeutung des Bereiches für das Unternehmen zu. Dabei hat sich be-

währt, die führende 0 (ja, es fängt bei 0 an, nicht bei 1) für Überge-
ordnetes zu verwenden. Also bei einem Aktenplan über das gesamte
Unternehmen ist der Vorstand respektive die Geschäftsleitung beim
Ordnercode 0 angesiedelt. Damit steht dieses Thema immer oben.
Hier ist ein Beispiel für die Hauptgruppen:

0 Leitung	Der Bereich Finanzen könnte so unterteilt sein:
1 Verwaltung	
2 Finanzen	2 Finanzen
3 Personal	2-0 Banken
4 Einkauf	2-1 Finanzamt
5 Projekt	2-2 Steuerberater
6 frei	2-3 Buchungsbelege
7 frei	2-4 Budget
8 Vertrieb	
9 Öffentlichkeit	

Die Ziffern 2-0 bis 2-4 sind hier willkürlich zugeordnet. Es gibt keinen offensichtlichen Grund, warum »Steuerberater« vor »Buchungsbelege« kommt.

Einen anderen Ansatz bietet das »Prozessorientierte Ablagesys-
tem« (PAS) von Wolf Steinbrecher und Martina Müll-Schnurr[8].
Dort wird die Reihenfolge der Ordner nach dem Arbeitsablauf festgelegt. Das heißt, die Ordner sind in der Reihenfolge zu finden, wie
sie bei der Arbeit auch benötigt werden. PAS hier ausführlich zu beschreiben, würde den Rahmen dieses Buches sprengen. Wenn Sie
das Thema interessiert, empfehle ich das zugehörige Fachbuch.

Einen vollständigen Beispiel-Aktenplan finden Sie im Anhang. Jedoch ist ein Ordnerplan wie gesagt immer Maßarbeit. Ein Muster wird an Ihrem Arbeitsplatz kaum passen. Es ist wirklich die Mühe wert, sich einmal sehr gründlich Gedanken zu machen, welche Themen wo in Ihren Ordnerplan aufgenommen werden sollten.

Dateinamensyntax

Die unterste Ebene des Ordnerplanes ist das einzelne Dokument. Bei mir erhält das einzelne Dokument keinen Code, wohl aber ist festgelegt, wie der Dateiname erstellt wird. Wenn Ihnen ein Ordnerplan zu groß und im ersten Ansatz zu komplex erscheint, fangen Sie zuerst damit an, den Dateinamen einen standardisierten Aufbau zu geben: Wählen Sie aus den statischen Eigenschaften (siehe Seite 129) die drei aus, die in diesem Bereich Relevanz haben. Legen Sie eine Reihenfolge fest und bestimmen Sie, wie die Elemente voneinander getrennt werden.

Bei mir sind alle Seminarunterlagen so abgelegt: Thema_Auftraggeber_Jahr_Monat → Bueroorga_AkademieX_12-06

Eine kleine Werbeagentur macht es so:

Auftraggeber (Kürzel)	OMÜ	Optik Müller
Art des Auftrags	Flyer	Flyererstellung
Grad der Fertigstellung als Ziffer	1	Auftrag erhalten

➤ 1 = Auftrag erhalten

➤ 2 = Entwurf erstellen

➤ 3 = Korrektur

➤ 3a = 1. Korrektur

➤ 3b = 2. Korrektur etc.

➤ 4 = Freigabe

➤ 5 = Druck

➤ 6 = Rechnung

So bedeutet beispielsweise der Dateiname OMÜ-Flyer-3b: Das ist die zweite Korrektur des Flyers für Optik Müller. Interessieren Sie als Buchhalterin nur die Rechnungen der Werbeagentur, könnten Sie einfach alle Dokumente mit einer Sechs suchen lassen.

Das ist eine kleine, aber dennoch wirkungsvolle Version eines Ordnerplanes für geringe Volumen. Vielleicht auch genau das Richtige, um in die »Gemeinsamen Dokumente« des Teams endlich einmal Ordnung zu bringen?

Ablagewortschatz

Heißt es bei Ihnen Pkw, Fuhrpark oder Kraftfahrzeuge? Diese Frage muss sich unbedingt schnell, sicher und unkompliziert beantworten lassen. Den Ablagewortschatz zu erstellen ist eine wichtige und sehr nützliche Aufgabe. Zur Umsetzung hat sich eine ganz schlichte Word- oder Excel-Tabelle bewährt. (Excel eignet sich besonders, wenn Sie mit numerischen Ordnercodes arbeiten. Wenn nicht, nehmen Sie die Tabelle, die Sie lieber mögen.) Mit der Suchfunktion lassen sich ganz einfach Stichworte auffinden und Doppelungen vermeiden. Wichtig ist die Spalte »Synonyme«: Dort hinein kommen die Stichworte, die das Gleiche meinen könnten, aber *nicht* benutzt werden.

Hier ist ein kleines Beispiel zum Thema Fuhrpark: Werden Unterlagen zur Reparatur gesucht, genügt es, den Begriff in das Suchfenster einzugeben. Sofort sieht man, dass sich das Thema unter dem Register »Werkstatt« findet.

Beispiel: Ablagewortschatz Auto

Ordner	Unterordner	Darin enthalten	Synonym
Fuhrpark			*Autos, PKW, Kraftfahrzeug*
	Anschaffung	Kaufvertrag	Kauf
		Händleradresse	Autohaus Müller
	Werkstatt	Rechnungen	Reparatur
		Prüfberichte	ASU
			TÜV
	Versicherung		
	Zubehör	Rechnungen	Dachträger
		Gebrauchsanweisung	Navigation

Umsetzung einer neuen Ordnung im Büro

Wollen Sie das Thema angehen? Dann suchen Sie sich Unterstützer, und vor allem brauchen Sie die Rückendeckung Ihrer Führungskraft. Planen Sie Ihr Ordnungskonzept »von vorne«, also ausgehend vom Schreibtisch über die dynamische und die statische Ablage bis ins Archiv. Denn das ist die Richtung, in der Sie arbeiten. Unterlagen kommen herein, werden bearbeitet, werden abgelegt. Mit diesem Blick können Sie einen sinnvollen Plan erstellen, welche Wege die Dokumente nehmen werden. In dieser Reihenfolge können Sie den Plan aber kaum umsetzen, weil die Dinge, die den Schreibtisch bevölkern, ja anderswohin sollen; nur ist dort im Moment noch kein Platz. Also geht die Umsetzung in der umgekehrten Reihenfolge vonstatten.

Schritt 1: Von hinten beginnen

Sicher gibt es ein Archiv bei Ihnen. Das muss kein Kellerraum sein, manchmal ist es auch eine unzugängliche Stelle im Schrank, wo all das hinkommt, was selten bis nie gebraucht wird oder auch nur seine Aufbewahrungsfrist »abliegt«. Beginnen Sie dort, denn vieles kann hier gleich entsorgt werden. Oft werden Kopien, zum Beispiel von Rechnungen, aufbewahrt, die aber im Original in der Buchhaltung liegen. Weg damit! Alles, was nie jemand bei Ihnen suchen würde: umlagern oder entsorgen. Der so gewonnene Platz kann dann genutzt werden, um am Ende den Schreibtisch und dessen direkte Umgebung zu entlasten.

Schritt 2: Ordner benennen

Nehmen Sie sich jetzt die Ordner im Schrank an Ihrem Arbeitsplatz vor: Prüfen Sie zuerst, welche davon nicht benutzt werden – die kommen ins Archiv, nachdem Sie das Vernichtungsdatum darauf notiert haben. Können aktuelle Ordner entlastet werden? Sind vielleicht überflüssige Unterlagen darin?

Alle aktuellen Ordner bekommen Rückenschilder und Register entsprechend des Ordnerplans. Farben, egal ob Rückenschilder oder Markierungspunkte, erleichtern den Überblick. Erstellen Sie zunächst einige Ordner für die Hauptaufgabenbereiche. Legen Sie alles Neue nur noch dort hinein. Markieren Sie die nicht mehr zu nutzenden Ordner mit einem X auf dem Rücken. Mit der Zeit vollzieht sich die Umstellung.

Schritt 3: Wiedervorlage und dynamische Akten umstellen

Von dieser Aktion werden Sie den größten Nutzen haben. Denn hier läuft Ihre tägliche Arbeit ab. Machen Sie sich ein Konzept nach den Informationen aus dem vorigen Kapitel und setzen Sie es konsequent um. Passen Sie Ihr System immer wieder an, sodass es zu Ihren Aufgaben passt.

Schritt 4: Die unmittelbare Umgebung anpassen

Jetzt ist der Schreibtisch an der Reihe. Vermutlich haben Sie inzwischen Platz geschaffen in Ihrer dynamischen Ablage. Nun kann alles, was Ihren Schreibtisch füllt, aber nicht zur gerade bearbeiteten Aufgabe gehört, dorthin.

Entrümpeln Sie Ihre Schubladen. Eine Schublade ist Ihr »Kiosk« für private Dinge. Sollen Stifte, Locher und Hefter auf der Schreibtischoberfläche oder in Schubladen sein? Oft sind Umschläge und Formulare in der dritten Schublade. Lassen Sie diese nur dort, wenn Sie sie mindestens dreimal wöchentlich brauchen. Sonst sind sie besser im Abteilungsschrank aufgehoben. Machen Sie zum Abschluss die »Brustschwimmer-Übung«: Setzen Sie sich an den Schreibtisch und führen Sie die Hände wie beim Brustschwimmen nach vorne und im Halbkreis zur Seite. Dieser gesamte Bereich sollte frei sein für Ihre Arbeit.

10. Dienste in der Cloud

Es klingt schon nach schöner neuer Bürowelt: Alle Dateien sind an jedem Rechner zu jeder Zeit an jedem Ort verfügbar. Ebenso selbstverständlich das E-Mail-Postfach, der Kalender und die Aufgabenlisten. Alles ist »in der Cloud« gespeichert, wird dort verwaltet, gesichert und mit jedem Endgerät synchronisiert. Arbeiten mit dem Tablet im Park – gerne! Mit dem Smartphone gerade eben aufgenommene Fotos dem Team zur Verfügung stellen – kein Thema. Aber ist es wirklich so einfach? Wo steht die Technik aktuell? Was können diese Dienste leisten und was bedeutet das für die Büroprozesse? Ich bin mir bewusst, dass die Rahmenbedingungen in diesem Bereich möglicherweise schon wieder anders sind, wenn Sie dieses Buch in der Hand halten. Daher beschränke ich mich hier auf grundsätzliche Fragestellungen und gebe Ihnen Hinweise, wo aktuelle Informationen zu finden sind.

Was ist eigentlich die Cloud?

Unter diesem Begriff wird vieles zusammengefasst. Gemeinsam ist, dass es sich um eine Dienstleistung handelt, die Hard- und/oder Software »in der Wolke« zur Verfügung stellt. Zum Beispiel in einer Serverfarm irgendwo auf der Welt. Abhängig von der Art der Dienstleistung unterscheidet man Infrastructure-as-a-Service (»IaaS« – zum Beispiel Speicherplatz über das Internet), Platform-as-a-Service (»PaaS« – zum Beispiel Bereitstellung von Entwicklertools über das Internet) und Software-as-a-Service (»SaaS« – zum Beispiel Nutzung einer Applikation über das Internet). Man unterscheidet darüber hinaus zwischen »Private Clouds« für eine geschlossene Nutzergruppe, beispielsweise für die Mitarbeiter eines Unternehmens und »Public Clouds« für viele verschiedene Nutzer.[9]

Dateien immer griffbereit

Ich zitiere hier aus der Zeitschrift c't 13/12.

> »Das Dropbox-Prinzip ist einfach: Man hat auf jedem zu synchronisierenden Gerät einen Ordner, in dem alle häufig benötigten Dateien liegen. Die Clients,[10] die sich ins jeweilige Betriebssystem integrieren, überwachen den Ordner, erkennen, was neu ist oder geändert wurde, und schreiben dies alsbald in die Cloud. Taucht dort etwas Neues oder Geändertes auf, laden die Clients es herunter. Solange keine Internetverbindung besteht, kann man mit den lokalen Kopien der Dateien arbeiten. Geräte, auf denen kein Client installiert ist, haben über eine Webseite Zugang zu den Dateien.«[11]

Diese Dienste sind in der Regel einfach zu handhaben. Einmal auf dem Endgerät installiert, findet sich der Dienst in Form eines Ordners in der Ordnerliste unter »Dokumente«.

Abbildung 76: Dropbox und SkyDrive in der Explorer-Ansicht

Hier kann der Ordner benutzt werden wie jeder andere auch. Einzige Ausnahme: Verknüpfungen funktionieren nicht zuverlässig. So weit sieht das alles gut aus. Andererseits zwingt dieser Ordner, in dem zu synchronisierende Daten abgelegt sind, auch dazu, entweder zweierlei Orte für Dateien zu haben – genau das ist ja an sich zu vermeiden – oder zu unterscheiden, welche in die Cloud dürfen und welche nicht. Hierbei spielt nicht nur der Sicherheitsaspekt eine Rolle, es ist auch zu beachten, dass die Kapazitäten der mobilen Endgeräte beschränkt sind, und man den wertvollen Speicherplatz und die noch wertvollere Datenübertragungsrate nicht mit weniger relevanten Dateien blockieren möchte. Große Datenvolumen kann zurzeit alleine die Dropbox in zufriedenstellender Art hoch- und wieder herunterladen. Als einziger Dienst im *c't*-Test überträgt dieser auch zwei Dateien parallel, sodass eine große Datei nicht den Transfer komplett blockiert. Auch auf Apple-Geräten hinterließ Dropbox den besten Eindruck. Der Umgang mit Fotos ist bei anderen Diensten besser gelöst. Auch bietet Dropbox – im Gegensatz zu Microsofts SkyDrive – nicht die Möglichkeit, Dateien direkt im Browser zu bearbeiten.

Außer Dropbox und SkyDrive gibt es auch noch andere Anbieter, zum Beispiel Google-Drive, Computerbild-Cloud, SugarSync, TeamDrive und andere mehr.

Sicherheitsaspekte

Online-Speicher sind praktisch – ohne jeden Zweifel. Aber wie sieht es mit der Sicherheit aus? Welchen rechtlichen Vorgaben muss der Datenschutz genügen? Dabei ist wichtig, wo der Server steht, der die Daten beherbergt. In der Regel gelten für die dort gelagerten Daten die Gesetze des jeweiligen Landes. Sind die Daten sicher vor Zerstörung, Verlust oder Datendiebstahl? Das sind tatsächlich vorhandene Risiken. Allerdings bestehen diese auch, wenn der Server im eigenen Haus steht. Jeder Server ist immer nur so sicher wie die dort angewendeten Schutzmechanismen.

Kein Mechanismus schützt vor Mitarbeitern mit krimineller Absicht. Wer den Serverpark wartet, hat auch Zugriff auf die Daten. Wenn von verschlüsselter HTTPS-Verbindung die Rede ist, betrifft das den Transportweg der Daten. Am Ziel angekommen wirkt dieser Schutz nicht mehr. Gegen Sicherheitslücken am Speicherplatz und gegen Datendiebstahl schützt die verschlüsselte Verbindung also nicht.

Das Einzige, was hier etwas Schutz bietet, ist, die Daten selbst zu verschlüsseln und nur verschlüsselte Dateien in den Online-Speicher zu geben. Die Daten könnten zwar immer noch unberechtigt kopiert werden, jedoch wird der Dieb in den Dateien lediglich Binärsalat vorfinden. Um die Dateien wieder lesbar zu machen, müssen sie wieder entschlüsselt werden. Ein Nachteil ist dabei, dass es nicht mehr möglich ist, die verschlüsselten Dokumente im Browser zu bearbeiten.

Ein sicheres Passwort

Passwörter können schwach oder stark sein. Eines der schwächsten ist 00000. Oder auch Schnuffi. Ein Angreifer sollte ein Passwort nicht durch einfaches Ausprobieren herausbekommen können. Alle Wörter, die im Wörterbuch stehen, scheiden aus. Auch das eigene Geburtsdatum, der Hochzeitstag oder Ähnliches sind nicht wirklich geeignet. Am stärksten sind Passwörter, die Groß- und Kleinbuchstaben sowie Ziffern und Satzzeichen in wilder Mischung beinhalten. Aber wie soll man sich so etwas merken? Greifen Sie zu einem kleinen Trick aus dem Gedächtnistraining. Stellen Sie sich eine kleine Szene vor, die sich mit einem Satz beschreiben lässt. Zum Beispiel: »Drei Kinder führen sieben Gänse zum Teich und üben Schwimmen. Das ergibt dieses Passwort: 3K-7"zT&üS; der Bindestrich steht für das Führen, die Anführungszeichen (Gänsefüßchen) für die Gänse.[12]

Wenn das Thema Sie weiter interessiert, empfehle ich die Artikel »Kontrolle ist besser« und »Schutzbefohlen«, beide aus der Zeitschrift *c't*, Nr. 13/2012.

Büroanwendungen in Web-Diensten

Auch hier ist der Markt in Bewegung. Die Kundenanforderung, Dokumente unabhängig vom Endgerät und der darauf installierten Software bearbeiten zu können, schafft neue Produkte und Geschäftsmodelle. Ein weiterer Wunsch ist das gemeinsame, standortunabhängige Bearbeiten von Dokumenten im Team, das auch mit uneinheitlicher Rechnerumgebung (Mac, PC, unterschiedliche Betriebssysteme, ältere und neuere Versionen der Office-Software) der Teilnehmenden funktionieren soll. Microsoft Office Web Apps, Google Text & Tabellen, Acrobat.com von Adobe sind die bekanntesten Web-Anwendungen. Diese bieten die Möglichkeit, Texte, Tabellen und Präsentationen im Web zu lesen und zu bearbeiten. Wenn Sie sich zum Beispiel bei Microsofts Onlinespeicher SkyDrive anmelden, erhalten Sie Zugriff auf die Office Web Apps.

Da die begrenzten Rechnerkapazitäten von Smartphones und Tablets nicht über Gebühr strapaziert werden sollen, ist die Funktionalität zum Beispiel der Word Web App verglichen mit dem Funktionsumfang des vollwertigen Computerprogramms Word stark eingeschränkt. Eine Dissertation in der Web App zu verfassen wird also schwer, für einen normalen Brief oder ein Protokoll reicht es aber allemal. Auch die Outlook Web App beschränkt sich auf die wesentlichen Funktionalitäten.

Mein Fazit: Solche webbasierten Anwendungen sind prima, wenn das Arbeiten von unterwegs eine wichtige Rolle spielt und dabei keine hohen Anforderungen an die Dokumente gestellt werden. Komplexe Aufgaben lassen sich im Moment noch nicht mit der vom Büro gewohnten Performanz erledigen. Wer mehr wissen möchte: Ausführliche Informationen und einen Vergleichstest finden Sie in der Zeitschrift *c't* 10/2011, im Artikel »Wolkenkuckucksbüro«.

11. Dokumentenmanagement- systeme

(von Wolf Steinbrecher)

Gründe für ein Dokumentenmanagementsystem

Ein Spruch über die moderne Technikvernarrtheit lautet ja bekanntlich: »Hast du ein Problem, dann kauf dir eine Software. Danach hast du zwar zwei Probleme, aber das erste ist nicht mehr so wichtig.« Man sollte schon wissen, für welche Probleme bei der Ablageordnung eine Software gut und lohnend ist. Es gibt nämlich auch Anforderungen an eine gute, transparente Dateiablage, die man mit Absprachen im Team und ein bisschen Disziplin lösen kann und muss – und dabei hilft eine Software gar nicht. Doch es gibt durchaus gute Gründe, warum eine Organisation ein Dokumentenmanagementsystem, kurz: DMS[13], benötigen kann. Und die wichtigsten davon wollen wir Ihnen vorstellen. Die folgenden Beispiele beziehen sich durchgehend auf Microsoft Windows. Aber auch die Dateisysteme anderer Betriebssysteme, zum Beispiel von Apple-Rechnern, sind strukturell sehr ähnlich.

Grund 1: Mehrere »Sichten« in der Ablagestruktur

In den meisten Unternehmen – egal, ob es sich um ein kleines Ingenieurbüro oder einen großen Konzern handelt – werden die elektronischen Dokumente unter Windows abgelegt. In der Realität gibt es dabei kaum Teamstrukturen. Mit ganz wenigen Ausnahmen bieten die Server von Organisationen das Bild eines großen Durcheinanders:

➤ Jeder Mitarbeiter hat einen Großteil der Dokumente in »seiner« Ablage – in persönlichen Laufwerken oder Ordnern, auf die andere Kollegen keinen Zugriff haben. E-Mails bleiben zu 90 Prozent in den persönlichen Postfächern und damit vom Zugriff der anderen ausgeschlossen.

➤ Auch wenn es gegenseitige Zugriffsrechte pro forma gibt, blickt keiner beim Nachbarn durch. Vertretungen werden zum Hindernisparcours. »Hoffentlich geht nichts schief in deiner Abwesenheit« ist der häufigste Wunsch, wenn man einen Kollegen in den Urlaub verabschiedet.

➤ Und dort, wo doch Dokumente gemeinsam im Team abgelegt und verwaltet werden, gibt es trotzdem keine übersichtliche, einheitlich geregelte Ordnerstruktur. Dokumentierte Ordnerpläne haben Seltenheitswert. Es gibt kaum verbindliche Namensregeln für Dokumente. Und es fehlt an klaren Übereinkünften, wie man verschiedene Versionen eines Dokuments auseinanderhält, wenn dieses von verschiedenen Personen bearbeitet und verändert wird.

Die Folge sind viele Zeitverschwendungen im Alltag: dauerndes Scrollen und Klicken auf dem Bildschirm, Dokument aufmachen, feststellen, dass es das falsche ist, Dokument schließen, nächstes Dokument aufmachen, dann entnervt bei diversen Kollegen nachfragen, die oft etwas sagen wie: »Weiß ich auch nicht, aber gestern war die Datei noch da … « Endlos und nervend.

Aber angenommen, die Führung eines Unternehmens würde sich des Themas annehmen. Sie würde sich (und der IT-Abteilung) den Aufbau einer neuen teamorientierten Ablagestruktur zum Ziel setzen. Dann stößt sie sehr schnell an die Grenzen des Betriebssystems. Bei Windows handelt es sich um ein eindimensionales Dateisystem. Das setzt enge Grenzen für eine teamfähige Ordnung. Am besten macht man sich das an einem Beispiel klar: Eine große Schreinerei mit 30 Mitarbeitern möchte die Aufträge ihrer Kunden nach einem übersichtlichen System speichern. Der Vertrieb beschließt, künftig folgende Ordnung anzuwenden:

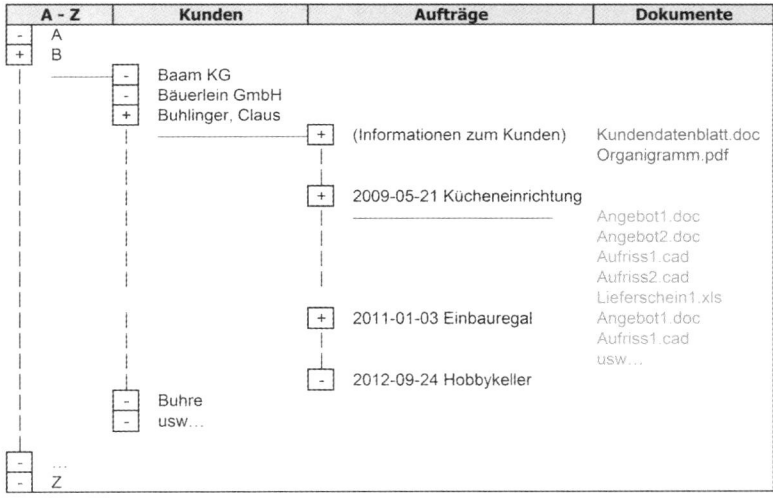

Abbildung 77: Kundenorientierte Ablagestruktur für die Schreinerei

Die Vertriebsabteilung hat sich diese Ordnung überlegt und kommt wunderbar damit zurecht. Ein echter Fortschritt, endlich ist Teamfähigkeit realisiert: Wenn der Kunde Herr Buhlinger anruft und eine Frage hat, findet jeder Mitarbeiter sofort die Unterlagen. Er muss nicht warten, bis der konkrete Vertriebsmitarbeiter, der für Herrn Buhlinger zuständig ist, im Büro anwesend ist und sich darum kümmert.

Erläuterungen

> Die Schreinerei hat rund 500 Bestandskunden. Damit es nicht zu viele Ordner gibt, wird die oberste Windows-Ebene von Buchstabenordnern A, B, C usw. gebildet.

> Unter jedem Buchstabenorder liegt jeweils ein Ordner pro Kunde.

> Jeder Kunde kann im Lauf der Jahre verschiedene Aufträge erteilen. Jeder Auftrag bildet deshalb einen eigenen Ordner, einen sogenannten Vorgangsordner (ein Auftrag bildet einen Vorgang).

> Es gibt bestimmte Informationen, die sich von einem Auftrag zum nächsten nicht verändern. Dazu zählen das Organigramm, wenn es sich um einen Firmenkunden handelt, oder auch Notizen über persönliche Vorlieben des Kunden. Diese kommen in einen sogenannten Klammerordner, in Abbildung 77 zum Beispiel der Ordner »(Informationen zum Kunden)«. Die runde Klammer bewirkt, dass dieser Ordner immer nach oben sortiert wird, also vor jedem Auftrag an oberster Stelle steht.

Nun protestiert aber das Konstruktionsbüro, das die CAD-Zeichnungen der Möbel anfertigt. Die Konstruktionsmitarbeiter wünschen sich eine ganz andere Ordnung, nämlich nach Produkten. Sie würden gerne alle Küchen, alle Regale und alle Hobbykeller an einer Stelle zusammen haben, damit sie die vorhandenen CAD-Zeichnungen besser wiederverwenden können. Eine kundenorientierte Ordnung kommt für sie überhaupt nicht infrage. Sie brauchen unbedingt eine produktbezogene Ordnung, siehe Abbildung 78.

Diese Art von unterschiedlichen Interessen kommt sehr häufig in Unternehmen vor. Der Konflikt kommt nicht oft an die Oberfläche, weil niemand über Dokumentenordnung spricht und sich alle mit dem herrschenden Durcheinander arrangiert haben. Aber wenn doch einmal ein Optimierungsprojekt gestartet wird, dann werden diese Differenzen zwischen den einzelnen Abteilungen sichtbar.

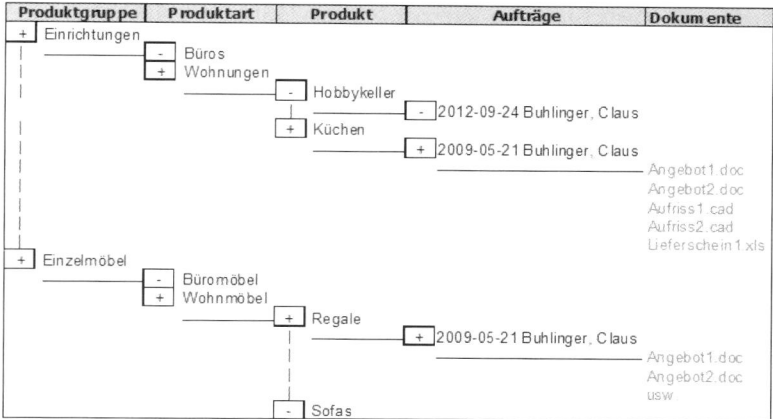

Abbildung 78: Produktorientierte Ablagestruktur für die Schreinerei

Mit Windows gibt es für diese Problematik allerdings keine vernünftige Lösung. Unter Windows muss sich das Unternehmen entscheiden, ob es Kundenordner oder Produktordner anlegt. Ein Sowohlals-auch ist vollkommen ausgeschlossen.

Die Lösung heißt »Dokumentenmanagementsystem« oder kurz DMS.[14] Auf dem Markt gibt es sehr viele Software-Anbieter, die solche Systeme in ihrem Portfolio haben oder zumindest Programme, die sie selbst als DMS bezeichnen. Für ein gutes DMS sollte die beschriebene Anforderung, nämlich »verschiedene Dokumentensichten« anzubieten, eine Basisleistung sein. In der Realität ist das aber nicht der Fall. Sodass Sie als potenzieller Kunde nicht darum herumkommen, genau zu prüfen, welches Produkt diese Leistung bietet. Eine »Stiftung Warentest für Software« gibt es leider noch nicht.

Grund 2: Verschiedene Versionen von Dateien verwalten

Es gibt noch andere Anliegen von Unternehmen, die man mit Windows nur schwer in den Griff bekommt, wie etwa das Problem der Versionierung. Wenn Dokumente häufig überarbeitet werden, vielleicht auch noch von verschiedenen Mitarbeitern, kommt es zu Fragestellungen wie: »Wer hat denn den Abschnitt 3.4 so geändert? Jetzt stimmt er ja überhaupt nicht mehr!« Das heißt, man würde gerne zur Version von vor 14 Tagen zurückkehren oder sie sich zumindest noch einmal anschauen, um die alte Fassung mit der neuen zu vergleichen. Beispiele dafür sind: Verträge, die während der Vertragsverhandlung immer wieder geändert werden; Qualitätsdokumente; Zeichnungen und Pläne; Formulare und Vorlagen.

Man kann natürlich auch unter Windows Namensregeln für Dokumente vereinbaren, die die verschiedenen Versionen eines Dokuments kennzeichnen. Aber dieses Vorgehen ist immer von der Disziplin der einzelnen Mitarbeiter abhängig und zudem fehleranfällig.

Viele DMS können diese Anforderung hervorragend erfüllen. Bei jeder Änderung an einem Dokument wird die Vorversion gespeichert. So kann man sich zu jedem Zeitpunkt die Liste der älteren Fassungen eines Dokuments anzeigen lassen und bei Bedarf eine dieser Fassungen wieder zur gültigen machen.

Grund 3: Die anschwellende Datenmenge

Unsere elektronischen Ablagen werden immer größer und unübersichtlicher. Festplatten haben gegenüber Papierablagen nämlich einen großen Nachteil: Elektronischer Speicherplatz kann viel leichter erweitert werden als Archivräume in Häusern. Ein herkömmlicher

Papierordner hat ein begrenztes Fassungsvermögen. Ein breiter Ordner fasst maximal 500 Blatt. Irgendwann ist er voll, dann muss ein neuer Ordner angelegt werden. Irgendwann ist auch das Regalbrett voll – und dann muss etwas getan werden. Zum Beispiel alle abgeschlossenen Vorgänge in den Keller schaffen, bis die gesetzlichen Aufbewahrungsfristen abgelaufen sind und man die Dokumente endgültig vernichten kann.

Ein elektronischer Ordner hingegen wächst und wächst. Er bekommt niedliche Unterordner und auch diese wachsen und wachsen und bekommen Enkelordner – und ein Ende ist nicht abzusehen. Und kein Mensch räumt auf. Denn es gibt keinen ultimativen Handlungsbedarf, und Zeit ist ohnehin immer Mangelware. Die Konsequenz: Die modernen Menschen verbringen immer mehr Zeit mit Klicken durch endlose Ordnerbäume – Mikrozeitverschwendungen, die sich übers Jahr zu ganzen Arbeitstagen summieren.

Der Anspruch an ein DMS ist, dass es eine »Aufräumstrategie« vorschlägt. Also eine Methode, wie man – vielleicht nicht vollautomatisch, aber zumindest halbautomatisch – die veralteten elektronischen Dokumente auch in so etwas wie einen »Festplattenkeller« schiebt.

Worauf Sie bei der Anschaffung eines DMS achten müssen

Als Erstes sollten Sie ein Pflichtenheft erstellen, also genau notieren, welche einzelnen Anforderungen Sie an ein DMS haben. Drei mögliche Anforderungen haben Sie in den vorigen Abschnitten kennengelernt, aber es gibt natürlich noch Dutzende andere denkbare Wünsche an eine Software. Ihre vollständige Auflistung würde ein eigenes Buch erfordern.

Erstellen Sie das Pflichtenheft auf jeden Fall, bevor Sie Hersteller-informationen lesen, auf eine Messe gehen oder gar einen Herstel-ler zu einer Präsentation einladen. Wir haben in vielen Projekten die Erfahrung gemacht, dass auch erfahrene IT-Profis sich von den Versprechungen der Softwareanbieter beeindrucken lassen und da-rüber die eigenen Anforderungen vergessen. Das ist genauso, wie wenn Sie sich von einem Autohändler überzeugen lassen, das neu-este und schnellste Sportcabriolet zu kaufen – und dann feststellen, dass in dessen Kofferraum aber nicht die Getränkekästen passen, die Sie wöchentlich einkaufen.

> Gerne schicken wir Ihnen kostenlos ein Musterpflichtenheft im Ex-cel-Format, wie wir es als Ausgangspunkt für Kundenberatungen verwenden. Aber Achtung: Jedes Unternehmen hat spezifische Bedürfnisse, das Pflichtenheft muss also immer individuell ange-passt werden. Um das Musterpflichtenheft zu erhalten, schicken Sie einfach eine E-Mail an: wolf.steinbrecher@balanceX.de.

Vorgangsorientiertes statt dokumentenorientiertes DMS

Die Kernanforderung an ein DMS ist die Vorgangsorientierung. Es ist ganz wichtig, diese Anforderung zu verstehen, weil viele Soft-wareprodukte sie nicht erfüllen. Zur Erklärung: Stellen Sie sich ein normales E-Mail-Postfach vor. Normalerweise gibt es in Standard-programmen wie Outlook drei wichtige Standardordner: Postein-gang, Gesendete Objekte und Gelöschte Objekte. Innerhalb die-ser Ordner liegen die E-Mails in der (absteigenden) Reihenfolge des Eingangs. Man kann sie aber auch umsortieren, beispielsweise nach Absender, Empfänger, Betreff et cetera.

Wichtig ist dabei: Es gibt in vielen E-Mail-Postfächern keine Unter-ordner. Das unterscheidet die E-Mail-Ablage vom Windows-Sys-tem. Dort sind die Ordnerbäume zwar oft auch nicht wirklich sys-tematisch strukturiert, weil es sich um »gewachsene« Strukturen handelt. Aber sie sind doch meistens kontextorientiert. Damit ist gemeint: Die Anwender legen meistens alle Dokumente, die zu einem Vorgang oder zu einem Projekt gehören, in einen entsprechend dafür angelegten Windows-Ordner ab. Meist liegt dem ein intuitives Verständnis darüber zugrunde, was ein Vorgang ist (ein Auftrag, eine Reklamation, ein Projekt, ein Kunde). Dementsprechend gibt es – je nach Geschmack des oder der zuständigen Mitarbeiter – Auftragsordner, Projektordner, Kundenorder et cetera.

Das ist für die Praxis meist noch nicht strukturiert genug. Aber eine E-Mail-Ablage ganz ohne Ordnerstruktur ist noch viel unübersichtlicher. Dort ist es oft nicht möglich, sich auf einen Blick einen Überblick über einen Vorgang zu verschaffen. Wenn zum Beispiel zu einem Projekt nicht nur ein Ansprechpartner, sondern fünf gehören, muss man eben fünf Suchvorgänge in den E-Mail-Postfächern starten, bis man wirklich alle relevanten E-Mails gefunden hat. Und nie hat man den Blick auf den Gesamtkontext, sondern immer nur auf einzelne Stücke daraus. Werden im Posteingang jedoch Unterordner angelegt, bieten auch diese nicht immer ein vollständiges Bild des Vorgangs.

Eine Ordnung nach dem Muster »1 Vorgang = 1 Unterordner« nennt man vorgangsorientiert. Eine solche Ordnung gibt Kontexte wieder und schafft Zusammenhänge. Daraus ergeben sich vielfältige Vorteile. Einer ist die Struktur des menschlichen Gedächtnisses. Menschen erinnern am besten Geschichten. Und ein Vorgang ist nichts anderes als eine Geschichte mit einem Anfang und einem Ende. Wenn jemand ein bestimmtes Dokument sucht, so ist der Kontext, in dem er das Dokument erstellt oder empfangen hat, meistens am leichtesten zu erinnern. Wenn man einen bestimmten Brief eines Kunden sucht, dann erinnert man sich oft auch noch nach einem Jahr in der Form: »Das war doch der Brief an Herrn Müllerschön, als er so viele Mängel bei unserer Lieferung seines PCs gefunden hat.« Wenn es also einen Ordner »Auftrag Müllerschön 2012« gibt, ist man gut dran.

Weitere Vorteile:

> Der innere Zusammenhang eines Vorgangs bleibt erhalten. Gründe, die zu bestimmten Entscheidungen geführt haben, werden transparenter.

> Der jeweilige Stand eines noch nicht abgeschlossenen Vorgangs ist sofort ersichtlich. Man kann prinzipiell auch nach nicht vorhandenen Dokumenten suchen. Wenn man also in einen Vorgangsordner schaut und die Auftragsbestätigung an den Kunden dort noch nicht abgelegt ist, bedeutet das, dass dieses Dokument noch nicht verschickt worden ist. Bei anderen Systemen ist es viel aufwendiger zu entscheiden, ob ein Dokument wirklich nicht existiert.

Bei Dokumentenmanagementsystemen muss man unterscheiden zwischen *dokumentorientierten* und *vorgangsorientierten* Systemen. In dokumentorientierten Systemen werden bildlich gesprochen alle Dokumente in einem Riesenordner abgelegt mit ganz verschiedenen Spalten: nach Verfasser, nach Datum, nach Dokumentenart (zum Beispiel Word, Excel, PDF), nach Stichworten et cetera. Und nach all diesen Spalten kann man die Dokumente sortieren und filtern. Aber in diesem Fall gibt es keine einfache Möglichkeit, sich alle Dokumente zu ein und demselben Vorgang anzeigen zu lassen. Umgekehrt ist das bei vorgangsorientierten DMS die Regel: Ein Dokument wird einem Vorgang zugeordnet, und es sind nun die Vorgänge, die nach beteiligten Personen, dem Datum des letzten Dokuments oder anderen Kriterien gesucht und sortiert werden können. Nur solche Softwareprodukte sind für die meisten Büros praxistauglich.

Der Grund, warum dennoch so viele dokumentenorientierte DMS auf dem Markt sind, liegt in der Geschichte dieser Produkte. Die meisten DMS wurden zuerst als Systeme programmiert, in denen man gescannte Lieferantenrechnungen ablegen und dann nach Datum, Rechnungsnummer, Lieferant et cetera wieder auffinden konnte. Für diesen Zweck sind dokumentenorientierte DMS dann auch hervorragend geeignet – nicht aber für komplexere Büroabläufe. Aber weil Softwarehersteller meistens das verkaufen wollen, was sie schon programmiert haben, und kostspielige Neuentwicklungen scheuen, sind eben auch viele untaugliche Produkte im Angebot.

Warum Sie hier keine aktuelle Marktübersicht über DMS-Produkte finden

Aus einem einfachen Grund: Softwareprodukte unterliegen einer ständigen Weiterentwicklung, und eine Aussage, die zum Zeitpunkt des Verfassens dieses Textes gestimmt haben mag, muss zum Zeitpunkt, zu dem Sie ihn vor Augen haben, überhaupt nicht mehr gültig sein. Derartige Aussagen wären für Sie deshalb nutzlos.

Als Alternative bieten wir Ihnen an, Ihnen auf Anfrage Informationen zum dann gültigen Softwareangebot zukommen zu lassen. Schicken Sie einfach eine E-Mail an wolf.steinbrecher@balanceX.de, und Sie erhalten eine Liste von Produkten, die zumindest die oben aufgeführten Anforderungen erfüllen. Doch auch diese Liste wird keinesfalls Anspruch auf Vollständigkeit erheben, denn auf dem deutschen Markt gibt es derzeit Hunderte von Softwareprodukten, die die Bezeichnung »Dokumentenmanagement« im Namen tragen.

12. Qualität im Büro

Standards setzen, Qualität sichern

Definition von Qualität

➤ DIN 55350: »Qualität ist die Beschaffenheit einer Einheit bezüglich ihrer Eignung, festgelegte und vorausgesetzte Erfordernisse zu erfüllen.« In den Erläuterungen steht weiter: »Man könnte schlagwortartig sagen: Qualität ist die an der geforderten Beschaffenheit gemessene realisierte Beschaffenheit. Die gilt für jede beliebige Einheit, die einer gedanklichen oder praktischen Qualitätsbetrachtung unterworfen wird.«

➤ Qualitätsguru Philip B. Crosby (1926–2001) sagte zum Thema Qualität einmal: »Die Definition von Qualität ist die Erfüllung von Anforderungen.«

➤ Ähnlich wird Qualität auch laut der Norm EN ISO 9000:2005 (der gültigen Norm zum Qualitätsmanagement), als »Grad, in dem ein Satz inhärenter Merkmale Anforderungen erfüllt«, definiert. Die Qualität gibt damit an, in welchem Maße ein Produkt (Ware oder Dienstleistung) den bestehenden Anforderungen entspricht.

Die Sicht des Kunden

Qualität hat also auch eine starke subjektive Komponente: Es ist die perfekte Realisierung der Kundenanforderungen. Fehlt eine Komponente, wirkt sich das negativ auf die Beurteilung durch den Kunden aus. Zusätzliche, nicht geforderte Komponenten, verbessern die Einschätzung des Kunden nicht unbedingt. Die Herausforderung für den Produzenten ist also die exakte Identifikation des Kundenwunsches.

Ebenen der Qualität

Warum greifen Methoden und Werkzeuge, die in der Produktion längst etabliert sind, nur mit Mühe im Büro? Dazu müssen wir uns der Beschaffenheit von Büroarbeit annähern: Wie schon eingangs gesagt, bedeutet Büroarbeit Informationsverarbeitung. Information geht in das System hinein, wird verarbeitet, kommt wieder heraus. Der Verarbeitungsprozess kann dabei an manchen Stellen ganz genau beschrieben werden, an anderen Stellen aber nicht.

Zum Beispiel: Das Erfassen von Texten, das Anlegen von Lieferantenstämmen, klar vorgegebene Telefonaufgaben (Call-Center), all diese Aufgaben sind reguliert. Das heißt das gewünschte Ergebnis steht von vornherein fest. Jede Abweichung von der Vorgabe – jeder Fehler – kann genau lokalisiert und benannt werden, wie in der Produktion. Hier greifen darum auch die Methoden aus der Produktion. Fehler können sofort erkannt und auch gezählt werden. Kennzahlen können erfasst und ausgewertet werden. Nennen wir dies die »materielle Ebene«: Hier kommt es auf die Zugänglichkeit der Ergebnisse an und auf Fehlerfreiheit sowie Termintreue. Schauen wir uns als Beispiel das Erneuern eines Webauftrittes an. Auf der materiellen Ebene kann die Qualität er Texteingabe recht mühelos gemessen und mit Kennzahlen erfasst werden.

Weit schwieriger ist das in anderen Bereichen, wie etwa bei der Bewertung der Textqualität, der Formulierungen und der Ausführlichkeit. Wann ist das Ergebnis perfekt? Lässt sich das objektiv messen? Das gelingt nur, wenn im Vorfeld das Ziel der Aktion exakt festgelegt wurde und auch die Merkmale der Zielerreichung bekannt sind. Zusätzlich kann der Prozess betrachtet und bewertet werden. Termintreue und Verwertbarkeit des Ergebnisses (Wie passt es ins große Ganze?) sind die entscheidenden Kriterien.

Auf der nächsten Ebene stellen sich diese Fragen: Wer oder was soll mit der Website erreicht werden? Wer legt die Kriterien dafür fest? Wer trifft die letzte Entscheidung über das Aussehen und die Begrifflichkeiten? Wann ist die Arbeit gut, perfekt oder auch: gut genug? Hier handelt es sich um konzeptionelle und strategische Aufgaben.

Sie sehen schon: Kennzahlen führen hier zu keinem befriedigenden Ergebnis. Ob eine Arbeit gut getan oder eine Entscheidung richtig getroffen ist, zeigt sich erst am Gesamtergebnis des Unternehmens, manchmal erst nach Jahren. Konkret: Die Arbeit auf der materiellen Ebene (viele Einzelaufgaben) kann nach jeder Arbeitseinheit bewertet werden. Die Arbeit auf der Prozessebene (wenige, aber komplexere Aufgaben) ist am Ende eines Prozesses oder Projektes zu betrachten. Ob auf der finalen Ebene (wenige, aber hochkomplexe Aufgaben) gut gearbeitet wurde, zeigt sich oft erst nach langer Zeit und auch nur indirekt.[15]

Den Qualitätszyklus, wie er aus kontinuierlichen Verbesserungsprozessen (KVP) bekannt ist, habe ich in Abbildung 80 für die Arbeit im Büro angepasst. Lesen Sie ihn im Uhrzeigersinn und beginnen Sie oben links mit der Analyse Ihrer Arbeitsumgebung. Die Begriffe und Fragen in den äußeren Kästen sind Anregungen für Ihre eigenen Gedanken.

Perfekt ist, wenn sich einige Kollegen, denen die Fortentwicklung der Qualität im Büro wichtig ist, zu einem Qualitätszirkel zusammenschließen. Dieser trifft sich in festem Rhythmus (alle zwei bis vier Wochen) für etwa eine Stunde. Das Ziel der Zusammenkünfte ist die Verbesserung von Abläufen und das Strukturieren von Arbeitsprozessen.

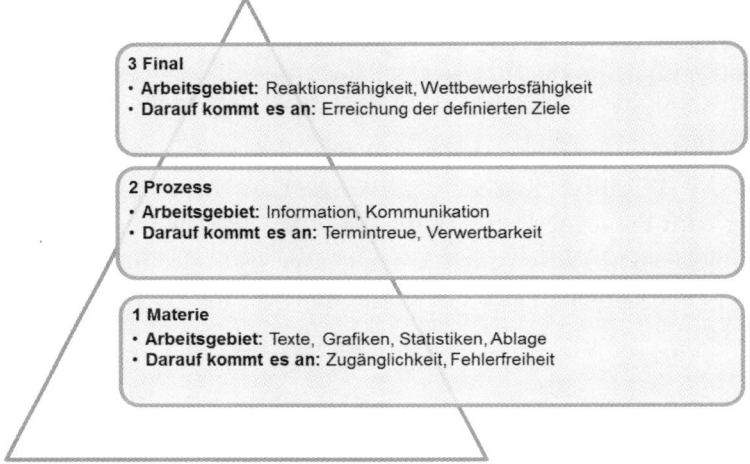

Abbildung 79: Drei Ebenen der Qualität

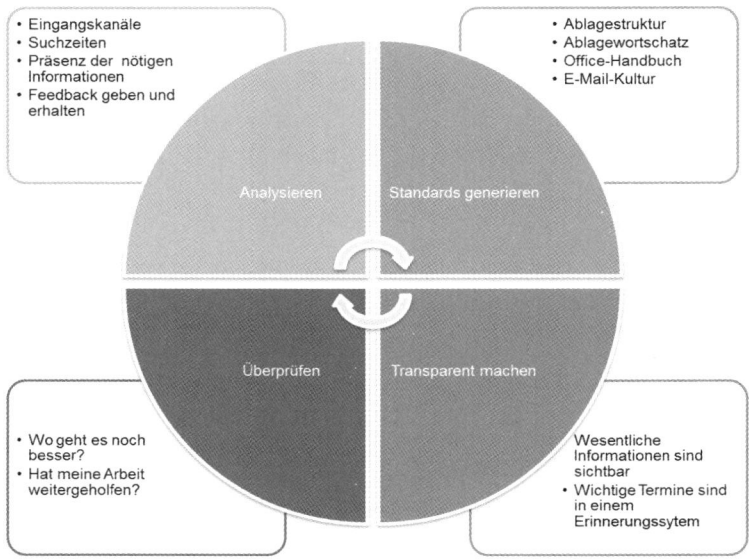

Abbildung 80: Qualitätszyklus Büroarbeit

Abläufe optimieren

Die stärksten Effizienzträger und damit im Gegenzug auch Effizienzgräber im Büro sind zwei Aspekte: Prozesse und deren Abläufe sowie die Beherrschung der Technik. Wenn Sie die Schlagkraft Ihres Büros erhöhen wollen, nützt es nichts, die Geschwindigkeit zu erhöhen. Auch das Thema »Multitasking« weiter auszubauen, ist kontraproduktiv.[16] Prüfen Sie stattdessen, was Sie warum tun und was damit erreicht wird. Jürgen Kurz erzählt[17] vom vierten Durchschlag des Lieferscheines, der jahrelang nachträglich in einem aufwendigen Prozedere der Lieferung zugeordnet wurde, bis sich zeigte, dass niemand dieses Dokument braucht.

> Die Geschichte von Herrn B.: Er stellte jedes Quartal in einer aufwendigen mehrtägigen Aktion statistische Auswertungen der Arbeit seiner Abteilung her. Nachdem er in den wohlverdienten Ruhestand gegangen war, fragte sein Nachfolger den Empfänger der Papiere nach einem Detail, in dem er unsicher war, wie es darzustellen sei. Die Antwort lautete: »Ach das! Das brauchen wir seit der Einführung der neuen Software vor zwei Jahren nicht mehr, das legen wir nur ab.«

Gerade wenn Sie Ihren Job schon lange machen, fragen Sie immer wieder: »Geht das nicht besser? Muss das so sein? Braucht das irgendjemand?« Wenn es Aufgaben gibt, denen Sie sich sehr ungern widmen, obwohl es keinen objektiven Grund dafür gibt, lohnt sich die Suche nach Optimierung ganz besonders. Denn wir haben sehr feine Antennen für Prozesse, die nicht richtig aufgestellt sind.

Scheuen Sie sich nicht, nachzufragen, wenn ein Arbeitsauftrag nicht ganz klar definiert ist. Viel Verschwendung in Büros passiert, weil am Bedarf vorbeigearbeitet wird. Die Qualität des Inputs ist ein entscheidender Faktor für die Qualität des Outputs. Ist Inputqualität eine Bringschuld? Theoretisch ja, praktisch nein. Denn der Inputgeber hat oft keine Ahnung davon, welche Informationen Ihnen gerade fehlen.

Drei Kristallisationspunkte der Qualität in administrativen Prozessen

Sollte ich in fünf Minuten erklären, worauf es im Büro ankommt, wenn man hochwertige Qualität abliefern will, stehen diese drei Begriffe im Mittelpunkt:[18]

➤ Zielorientierung,

➤ Verwertbarkeit,

➤ Fehlerkultur.

1. Auf das Ziel kommt es an

Was soll damit getan werden? Zu welchem Zweck tun Sie etwas? Diese Fragen mögen dann und wann unbequem sein, aber sie sind wichtig in einer Zeit, in der an den meisten Schreibtischen mehr Arbeit aufläuft, als erledigt werden kann. Sie müssen wählen (lassen), welche Aufgaben mit welcher Dringlichkeit bearbeitet werden. Denn Sie werden mit hoher Wahrscheinlichkeit nicht an jedem Tag jeder Anforderung gerecht werden können. Also treffen Sie die Wahl aktiv. Das gelingt aber nur mit dem Blick auf das zu erreichende Ziel wirklich gut.

Widmen Sie also den Aufgaben, die für die Zielerreichung Ihrer Abteilung oder Ihres Unternehmens entscheidend sind, Ihre Zeit und Aufmerksamkeit. Prüfen Sie bei unterstützenden Aufgaben, ob Sie diese delegieren oder vereinfachen können. Vor allem: Sprechen Sie mit den Empfängern Ihrer Arbeitsergebnisse darüber, ob das, was Sie abliefern, wirklich genau deren Anforderungen entspricht, das heißt prüfen Sie die Verwertbarkeit Ihrer Arbeit.

2. Verwertbarkeit an der nächsten Schnittstelle

Alles, was Ihren Schreibtisch verlässt (Output) wird zum Input an einem anderen Schreibtisch. Wann ist die Arbeit perfekt gemacht? Bei Produktionsprozessen ist das einfach zu sagen. Für jede Kappe eines Stiftes existiert eine technische Zeichnung mit Maßen, Angaben zu Toleranzen, dem Material und vieles mehr. Die Kappe ist perfekt – oder gut genug – wenn sie sich innerhalb der Toleranzen befindet. Ganz einfach.

Wann aber ist administrative Arbeit gut genug? Wer definiert die Anforderungen, wer die Toleranzen? Letztlich tut dies der Nächste in der Informationskette. Für den Empfänger Ihres Outputs muss dieser verwertbar sein. Also genau so, wie derjenige ihn zum Weiterarbeiten braucht. An diesen Schnittstellen entscheidet sich die Qualität Ihrer Arbeit.

3. Fehler im Informationsfluss

Dass Fehler nützlich sind und daher benannt werden sollen, wurde im Kaizen kultiviert. Dort wird die Suche nach Verschwendungen oder Fehlern im Produktionsprozess als »Schatzsuche« bezeichnet. Vor dem Hintergrund, dass man nur besser machen kann, was man als suboptimal erkannt hat, ist das auch logisch. Wenn ein Produkt – beispielsweise ein Stift – fehlerhaft ist, reklamieren wir ihn oder werfen ihn in den Müll.

Das Produkt im Büro ist Information. Wie sieht es mit fehlerhafter Information oder Fehlern im Prozess der Informationsweitergabe aus? Hier scheint die Toleranzschwelle um ein Vielfaches höher zu liegen als bei Produkten. Ich spreche dabei nicht von formalen Fehlern in Briefen oder von Fehlern beim Erfassen von Zahlen, denn diese sind gut lokalisierbar und werden entsprechend behandelt. Ich spreche von Fehlern, die in der Information selbst liegen. Wie oft ist es nötig nachzufragen oder eine Aufgabe wird nicht beim ersten Mal richtig gemacht, weil der Informationsinput nicht vollständig war. Oft genug gehen wichtige Informationen unter, weil sie in der Flut der Irrelevanzen einfach nicht auffindbar waren. Von Verschwendungen und Fehlern dieser Art ist die Rede.

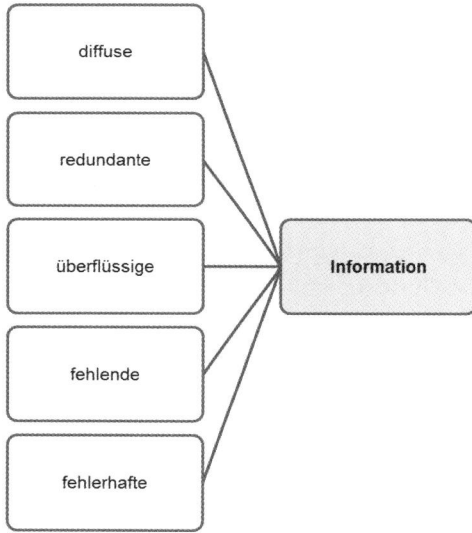

Abbildung 81: Fehler im Informationsfluss

Sehr viele Menschen sind diesen Fehlern gegenüber unglaublich geduldig. Warum nur? Liegt es vielleicht daran, dass so schwer zu benennen ist, was im Prozess schiefläuft? Oft ist genau das der Grund. Ein erster Schritt ist, den Prozess zu visualisieren. Dann können die Schnittstellen – und ganz besonders die schwierigen – besser bezeichnet und benannt werden.

Prozesse visualisieren

Wie läuft denn die Arbeit genau ab? Bei Produktionsprozessen ist das meist sehr klar geregelt und strukturiert, nicht aber bei administrativen Prozessen oder Prozessen des Informationsmanagements. Hier sehe ich eine Ursache der überquellenden E-Mail-Postfächer, weil nicht festgelegt ist, wer in welcher Form wen mit Informationen zu versorgen hat, ob es eine Hol- oder eine Bringschuld ist. Im Zweifel werden Informationen dann breit gestreut, mit großem Verteiler per E-Mail versendet, mit dem Ergebnis, dass in der Flut von Nichtigkeiten die wirklich relevanten Dinge untergehen. Ein weiterer Punkt ist, dass viele Dokumente mehrfach und in unterschiedlichen Versionen abgelegt werden. Das produziert lange Suchzeiten oder auch Fehler durch das Weiterarbeiten mit einem veralteten Dokument.

Es lohnt sich durchaus, die Prozesse in den Blick zu nehmen, die als Unterstützungsprozesse nicht im Zentrum der Aufmerksamkeit stehen, aber durch ihre Menge doch einiges an Arbeitszeit binden. Ein guter Hinweis für Handlungsbedarf sind Punkte, an denen man sich immer wieder reibt und ärgert. Stellen Sie diesen Prozess so detailliert wie möglich dar und betrachten Sie dabei besonders die Schnittstellen. Erstellen Sie ein Flussdiagramm, die wichtigsten Elemente zeigt Abbildung 82. Einen vereinfachten Bewerbungsprozess als Flowchart finden Sie im Anhang als Beispiel.

Abbildung 82: Die wichtigsten Elemente eines Flussdiagramms

Transparenz durch ein Office-Handbuch

Zwar gibt es an fast allen Plätzen eine Arbeitsplatzbeschreibung, doch diese nützt nichts beim Klären alltäglicher Fragen zum Ablauf einer Aufgabe oder eines Prozesses. Wie oft gelangt man an einen Punkt, an dem das weitere Vorgehen nicht ganz klar ist. »Wie habe ich das letztes Jahr gemacht?«, »Wer ist dafür verantwortlich?« sind Fragen, die viel zu oft immer wieder aufs Neue geklärt werden müssen, weil Vorgänge entweder zu selten vorkommen, als dass Sie die nötigen Schritte auswendig wüssten, oder weil sie zu komplex sind, als dass man sich die richtige Vorgehensweise merken könnte. Hinzu kommt das Einweisen von Praktikanten oder der Informationsbedarf von Vertretungskräften, insbesondere wenn diese Vertretungssituation nicht geplant war. All diese Stolpersteine können Sie auf sehr professionelle Weise durch das Anlegen eines Office-Handbuchs entschärfen.

Grundsätzlich können Sie – je nach Größe Ihres Unternehmens – zwischen einem kleinen und einem großen Office-Handbuch unterscheiden. Das kleine Office-Handbuch beschreibt die Abläufe eines bestimmten Arbeitsplatzes und sichert die Vertretung dort. Auch an Arbeitsplätzen, an denen Praktikanten oder auch Zeitarbeitskräfte arbeiten, dient ein Office-Handbuch der spürbaren Entlastung der Stammbelegschaft. Diese Form des Handbuchs ginge auch in Papierform in einem indizierten Ordner. Grundsätzlich halte ich aber die elektronische Form für die bessere.

Das große Office-Handbuch oder auch Organisationshandbuch funktioniert ausschließlich elektronisch, denn es fasst alle Informationen zusammen, die für die Mitarbeiter des ganzen Hauses relevant sind. Dazu gehören natürlich Organigramme, Regelungen zu Arbeitszeiten, Dienstwagen, Kantine, Schlüssel, Urlaubsanträge und vieles mehr. Es kann – wenn es von allen Mitarbeitern gepflegt wird – zu einer wertvollen Wissensdatenbank werden.

Einfach anfangen!

Am einfachsten legen Sie im öffentlichen Bereich Ihres Netzwerkes einen Ordner namens »Office-Handbuch« an. Dort hinein kommen alle Dokumente – oder Verknüpfungen dazu – die benötigt werden.

Ein Wort zu Verknüpfungen: Bestimmt gibt es in Ihrem Haus bereits zum Beispiel eine Sammlung von Organigrammen. Diese gehören natürlich ins Office-Handbuch. Sie sollten aber nicht dorthin kopiert werden, denn sonst muss bei einer Aktualisierung an zwei Stellen gearbeitet werden, was unnötigen Mehraufwand verursacht. Legen Sie daher lediglich eine Verknüpfung zum entsprechenden Ordner in das Office-Handbuch. Im Windows Explorer geht das so: Gehen Sie in den Ordner, in dem das Organigramm liegt. Ziehen sie diesen mit der rechen Maustaste auf den Zielordner in der Ordnerliste links. Im sich dann öffnenden Kontextmenü wählen Sie »Verknüpfung hier erstellen«. Die Verknüpfung ist praktisch ein Wegweiser zur eigentlichen Datei. Somit wird eine Doppelablage vermieden. Mit einem Doppelklick auf die Verknüpfung öffnen Sie die Datei – achten Sie auf Zugriffsberechtigungen.

Das kleine Office-Handbuch

Das kleine Office-Handbuch steht direkt am entsprechenden Arbeitsplatz, oder der Ordner mit den Verknüpfungen zu den Dateien liegt auf dem Desktop des PCs an diesem Platz. Legen Sie in Desktop-Ordnern ebenfalls nur Verknüpfungen, keine Dateien ab, denn Letztere würden die Arbeitsgeschwindigkeit des PCs beeinträchtigen und würden außerdem beim System-Backup nicht gesichert!

Was kommt hinein? Im Prinzip alles, was nötig ist, um die Arbeit an diesem Platz zu erledigen. Das Office-Handbuch kann während der Arbeit wachsen, wann immer Sie ein Dokument bearbeiten, das grundsätzlich wichtige Informationen oder Verfahrensanweisungen enthält, fügen Sie es hinzu. Das bedeutet, Sie legen entweder einen Ausdruck des Dokuments – immer mit Angabe des Dateipfades zum elektronischen Pendant in der Fußzeile – in einem alphabetischen Register ab und tragen es auf einem oben aufgelegten Inhaltsverzeichnis ein, oder Sie erstellen die Verknüpfung zu dieser Datei im entsprechenden Ordner. So entsteht das Handbuch nach und nach.

Scheuen Sie nicht die Mühe, ein solches Handbuch zu initiieren. Sie wird vielfach wieder wettgemacht durch klare Strukturen und verkürzte Suchzeiten.

Abbildung 83: Deckblattvorschlag für das elektronische Office-Handbuch

13. Erfolgreich sein – gutes Selbstmanagement

Vor über hundert Jahren entdeckte der italienische Ökonom Vilfredo Pareto, dass Reichtum im England des 19. Jahrhunderts unausgewogen verteilt war: Eine Minderheit von 20 Prozent der Einwohner verfügte über 80 Prozent der Einkommen und des Vermögens. Unausgewogenheit war sogar berechenbar: 10 Prozent der Bevölkerung hielten 65 Prozent des Reichtums, fünf Prozent der Bevölkerung aber 50 Prozent. Später fand diese Erkenntnis als 80/20-Prinzip oder Pareto-Prinzip ihren Niederschlag im Wirtschaftsleben, zuerst in Japan, dann in den USA. IBM entdeckte Anfang der 1960er-Jahre, dass rund 80 Prozent der Softwarezeit auf die Ausführung von nur 20 Prozent der Befehle entfiel. Das Unternehmen schrieb sofort seine Betriebssoftware um. Später setzten Firmen wie Apple, Lotus oder Microsoft auf das 80/20-Prinzip mit noch größerem Enthusiasmus, um preiswerte und benutzerfreundliche Computer herzustellen.

Ein praktisches Beispiel: Wenn Sie wissen wollen, was in einem Buch, einem Bericht oder einer Broschüre steht, dann lesen Sie den Schluss, überfliegen die Einleitung und noch einmal den Schluss; blättern kurz durch, um interessante Stellen zu finden. Mit dieser Arbeitstechnik wissen Sie danach zu 80 Prozent Bescheid, benötigen aber zum Lesen nur 20 Prozent der Zeit. Das Entscheidende ist: Sie wissen, welche 20 Prozent Sie aufwenden müssen, um 80 Prozent Erfolg zu erreichen. Sie haben eine Lesestrategie.

Solche 80/20-Strategien können Sie auch für Ihr Office entwickeln. Ein steter Quell des Ärgers sind Aufgaben, die man für jemand anders erledigt, und dieser das Ergebnis dann mit den Worten kommentiert: »Nein, also so habe ich mir das nicht vorgestellt ...« – *Ja, warum sagst Du das dann nicht vorher!* liegt einem da auf der Zunge. Je nach Rang des Auftraggebers können Sie es laut aussprechen oder nicht.

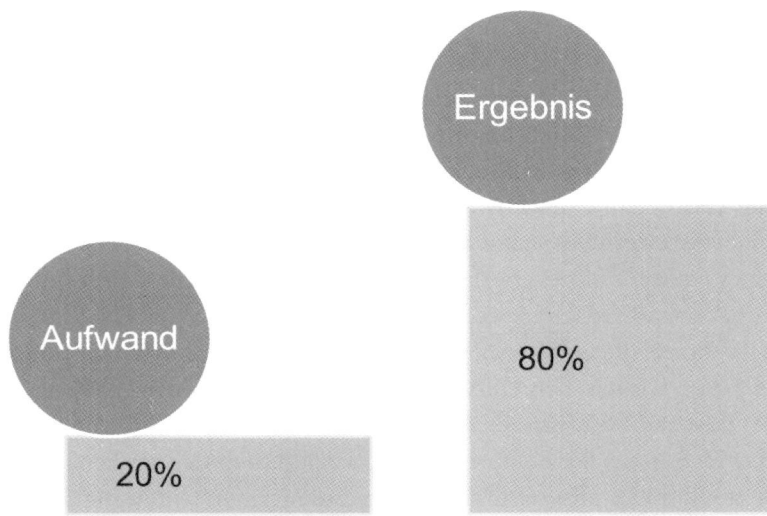

Abbildung 84: Das Pareto-Prinzip

Doch was können Sie in solchen Fällen besser machen? Die Erfahrung zeigt, dass der Auftraggeber seinen Wunsch oft erst konkretisieren kann, wenn er das Arbeitsergebnis vor Augen hat. Versuchen Sie folgende Strategie: Skizzieren Sie das Arbeitsergebnis zunächst. Entweder wirklich mit Bleistift auf Papier oder in einem groben, unausgefeilten Entwurf am PC. Diesen zeigen Sie dann dem Auftraggeber mit den Worten: »Um sicherzugehen, dass ich Ihre Anforderungen genau treffe: Schauen Sie bitte einmal diesen Entwurf an, und sagen Sie mir, ob das so Ihren Vorstellungen entspricht.« Bis hierher haben Sie etwa 20 Prozent Aufwand investiert. Wenn Sie Glück haben, sagt der Auftraggeber: »Prima, ist ja schon fertig – danke, so reicht das schon!« Im Normalfall fängt Ihr Gegenüber an dieser Stelle an, seine Anforderungen zu konkretisieren. Dann können Sie weiterarbeiten, in der Sicherheit, den Hauptaufwand bei der Erledigung der Aufgabe richtig zu investieren.

Erfolgsstrategie nach dem Pareto-Prinzip

Ein anderer Blickwinkel auf das Pareto-Prinzip ist nicht, wie die Aufgaben erledigt werden, sondern welche es sind. Ich behaupte: 20 Prozent Ihrer Aufgaben machen 80 Prozent Ihres Erfolges aus. Wenn Sie die nächste Sprosse der Karriereleiter erklimmen wollen, ist es wichtig, dass Ihre Arbeit gesehen wird. Sie brauchen eine Erfolgsstrategie. Wie kommen Sie zu einer Erfolgsstrategie? Durch Überlegung! Beantworten Sie für sich diese Fragen:

➤ Bei welchen Aufgaben sind Sie überaus erfolgreich? Gehen Sie Ihre Aufgabenliste durch. Prüfen Sie Ihre Erfolge.

➤ Bei welchen dieser erfolgreichen Aufgaben haben Sie mit wenig Aufwand viel erreicht? Wobei hatten Sie richtig Spaß, fühlten sich ganz in Ihrem Element?

➤ Können Sie daraus eine Strategie ableiten?

Ihre Erfolgsaufgaben

Aufgaben und Tätigkeiten	Wenig Aufwand, viel Erfolg	Viel Aufwand, wenig Erfolg

Die Kernfrage ist: Wie haben Sie es geschafft, den Aufwand im Rahmen zu halten? Wie ist das gelungen? Welche Mittel haben Sie eingesetzt? Nicht fleißige Betriebsamkeit hilft weiter. Sie können stundenlang an Unterlagen arbeiten oder mit Geschäftspartnern telefonieren. Dadurch sind Sie beschäftigt, das kann sogar angenehm sein. Aber sind Sie damit auch erfolgreich? Ernten Sie dafür Anerkennung und Wertschätzung?

Es gibt durchaus Chefs, die ihren Mitarbeitern oder Mitarbeiterinnen absichtlich Aufgaben stellen, die in der vorgegebenen Zeit nicht zu schaffen sind. Getestet werden soll, ob sie in der Lage sind, genau die Aufgaben zu erkennen, um mit 20 Prozent Aufwand 80 Prozent Erfolg abzuliefern. Wohlgemerkt: 80 Prozent Erfolg und nicht 100 Prozent. Perfektion ist aufwendiger. Überlegen Sie: Bei welchen Aufgaben geht es um Perfektion und wo ist »gut« gut genug?

Arbeitsprotokoll – Die eigene Leistung benennen

Um Ihre eigene Arbeit bewerten zu können, müssen Sie sich einen Überblick über Ihre Leistungen verschaffen. Dazu gibt es keinen anderen Weg, als eine Zeit lang ein Arbeitsprotokoll zu führen. Das hört sich aufwendiger an als es ist. Bei herkömmlichen Aufgabenlisten geht die Blickrichtung in die Zukunft: Was muss getan werden? Sie haben bei der Lektüre dieses Buchs schon einige Methoden kennengelernt, wie Outlook Sie dabei entlasten kann. Richten Sie nun aber Ihren Blick auf die Gegenwart und die Vergangenheit: Was haben Sie heute gemacht? Es ist befriedigend, am Ende des Tages oder der Woche den Fokus auf die Dinge zu lenken, die gelungen sind, die abgearbeitet wurden, die erledigt sind. Das hat eine positive Wirkung nach innen. Nach außen spielt noch etwas anderes eine Rolle: Sie sollten jederzeit kompetent über Ihre Arbeitsergebnisse berichten können. Auf die unerwartete Frage »Was machen Sie eigentlich?« sollten Sie präzise und aussagekräftig antworten können.

Wie schnell ist noch ein Arbeitspaket zu verteilen oder ein länger-fristig erkrankter Kollege zu vertreten. Dann sollten Sie – je nach-dem ob die zu verteilende Aufgabe zu Ihren Erfolgsaufgaben passt oder nicht – gute Argumente zur Hand haben, warum Sie der oder die Richtige dafür sind oder eben nicht. Üben Sie sich darin, kurz und knapp positiv über Ihre Arbeitsleistung zu sprechen. Perso-nen, deren Erfolg davon abhängt, sich gut zu präsentieren, üben sich im »Elevator Pitch«. Vielleicht legen Sie sich einige Sätze zu-recht, die Ihre Aufgabe und Ihre Professionalität auf den Punkt bringen?

Elevator Pitch

Verkäufer oder Dienstleister sollten in 30 Sekunden einen Kunden (oder Vorgesetzten) von den Vorteilen ihres Produktes überzeu-gen können. Das Maß für diesen Zeitraum ist die Dauer einer Auf-zugfahrt. In dieser kurzen Zeit ist es nicht möglich, mit Tabellen oder aufwendigen Präsentationen zu punkten. Stattdessen zählt Überzeugungskraft, die mit wenigen Worten auskommt. Das ge-lingt am besten mit bildhafter Sprache.

Office-Tagebuch führen

Wie können Sie ein Arbeitsprotokoll mit vertretbarem Aufwand führen? Hier stelle ich Ihnen das Office-Tagebuch vor.

Papierversion

Ein solches Buch ist spiralgebunden oder hat einen festen Ein-band, im Format DIN A4 oder DIN A5 – ganz nach Ihrem Ge-schmack. Wichtig ist dabei, dass jeder Tag mit einer neuen Sei-te – oben das Datum – begonnen wird. Dort notieren Sie kurz und stichwortartig, was an diesem Tag geschehen ist: Wer hat angerufen, wer musste vertröstet werden, welche kleinen Aufträge »zwischen Tür und Angel« wurden erteilt und was wurde erledigt.

Vielleicht arbeiten Sie mit verschiedenen Farben für Aufgaben, Telefonate, Gesprächsnotizen oder Sie benutzen kleine gezeichnete Symbole für Aktionen, zum Beispiel einen Umschlag für Papierbrief, ein @ für E-Mail, einen Telefonhörer (eine Neun mit zusätzlichem Bogen unten) für ein Telefonat, selbigen durchgestrichen für nicht erreicht, mit einem Pfeil daran für einen Rückruf … Es gibt unzählige Möglichkeiten. Probieren Sie aus, was zu Ihnen passt und Ihre Notizen schnell und übersichtlich gestaltet.

Ein solches Office-Tagebuch ist eine große Hilfe für Sie selbst, wenn nach Tagen oder Wochen ein Vorgang nachvollzogen werden soll. Nützlich ist es natürlich auch im Vertretungsfall. Für die vertretende Person ist es hilfreich, nachlesen zu können, was in den Tagen zuvor los war, und für die vertretene Person ist es wunderbar, wenn die Vertretung das Office-Tagebuch einfach weitergeführt hat. Eine Notiz hineinzuschreiben dauert in der Regel 10 bis 15 Sekunden. Das etwa 20 Mal am Tag macht höchstens fünf Minuten. Meiner Meinung nach rechtfertigt eine solche Dokumentation auf längere Sicht diesen kleinen Aufwand.

Elektronische Version

Das beste Werkzeug, Informationen aller Art zu verwalten, ist das schon erwähnte One Note (Kreative Protokolle, Seite 119). In der Taskleiste rechts findet sich das Icon, das in der Standardeinstellung mit einfachem Klick darauf eine Randnotiz öffnet (Alternativ: Windows-Taste + N).

In dieser Randnotiz können Sie einfach lostippen. Mit Shortcuts können Datum und Uhrzeit unkompliziert eingefügt werden. Diese

Randnotizen eignen sich sehr gut als elektronische Notizzettel. Sie sind besser zu organisieren und vielfältiger zu nutzen als die Notizen in Outlook. Lotus Notes verfügt ebenfalls über ein gut geeignetes Notizbuch. Die Randnotizen werden in One Note zunächst bei den »Nicht abgelegte(n) Notizen« gespeichert. Wenn Sie einen festen Speicherort angeben wollen: *Datei* → *Optionen* → *Speichern und sichern* → *Ändern*. Geben Sie dort einen Ort an, an dem Sie Ihre Randnotizen zukünftig ablegen wollen. Wenn Sie zum Beispiel für jeden Tag eine Seite und für jeden Monat einen Abschnitt in One Note erstellen, erhalten Sie eine sehr gute und bestens durchsuchbare Dokumentation Ihrer Arbeit.

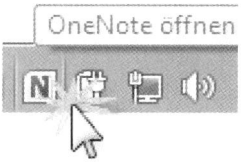

Abbildung 85: One Note öffnen

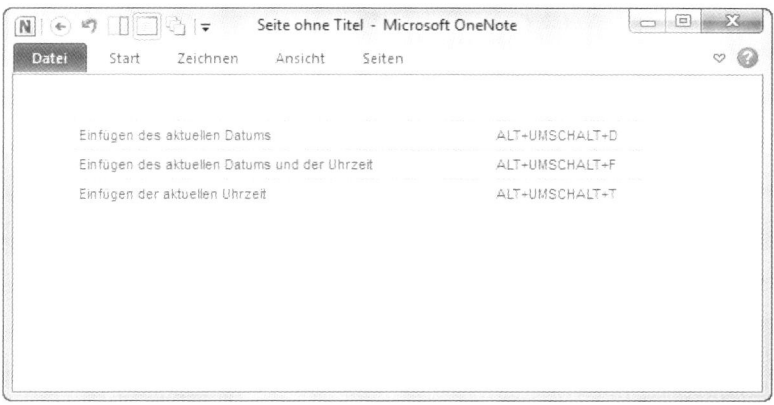

Abbildung 86: One-Note-Randnotiz

Ähnlich können Sie das natürlich auch in einer Excel-Arbeitsmappe gestalten: eine Zelle pro Aktion, eine Zeile pro Tag, eine Tabelle pro Monat. Die neuen Zellenformatvorlagen eignen sich gut, um Einträge zu kategorisieren.

Umgang mit Unterbrechungen und Störungen

Können Sie sich vorstellen, dass Sie den Schreibtisch leer räumen – bis auf ein handgeschriebenes oder stenografiertes Konzept – sich mit großer Geste an den Computer setzen und verkünden: »Ich schreibe jetzt in aller Ruhe den Brief an unseren wichtigsten Kunden!« Heute sieht es doch eher so aus: Sie tippen die E-Mail, während Sie mit einem Auge den Posteingang im Blick behalten. Dabei klingelt das Telefon, und während Sie abheben, geben Sie mit einer Hand dem Azubi Anweisungen, wohin er das Paket, das er in der Hand hat, stellen soll.

»Ich bin multitaskingfähig.« Damit meint man – lobend – dass man in der Lage sei, mehrere Aufgaben zeitgleich zu erledigen. Der Begriff kommt aus der Computerwelt. Die Definition aus Wikipedia (06/2012): »Der Begriff Multitasking beziehungsweise Mehrprozessbetrieb bezeichnet die Fähigkeit eines Betriebssystems, mehrere Aufgaben (Tasks) nebenläufig auszuführen. Dabei werden die verschiedenen Prozesse in so kurzen Abständen immer abwechselnd aktiviert, dass der Eindruck der Gleichzeitigkeit entsteht.« Neuere Untersuchungen zu diesem Thema[19] haben gezeigt, dass das menschliche Gehirn ähnlich funktioniert. Auch Menschen sind nicht in der Lage, mehrere Dinge gleichzeitig zu tun. Sie wechseln lediglich ihre Aufmerksamkeit sehr schnell von der einen zur anderen Aufgabe. Leider unter ganz erheblichen Verlusten in der Qualität bei stark steigendem Stressgefühl. Gleichzeitig Auto fahren und telefonieren – das ist Alltag. Gleichzeitig telefonieren und E-Mails bearbeiten oftmals auch. Letzteres unter größeren Qualitätseinbußen als

Ersteres, weil gleiche Hirnregionen beansprucht werden (Sprachzentrum).

Gehen Sie doch einmal in die Beobachterposition: Wann multitasken Sie? Wann klappt das gut? Wann empfinden Sie es als aufreibend? Ließen sich die aufreibenden Situationen entschärfen? Versuchen Sie, Routineaufgaben zu bündeln und Rhythmen zu schaffen. Zu einer bestimmten Tageszeit E-Mail-Bearbeitung, zu einer anderen (ausgehende) Telefonate in einem Arbeitsblock erledigen. Versuchen Sie in diesen Zeiten konsequent bei diesem einen Arbeitsblock zu bleiben. Falls nötig, richten Sie sich eine »Stille Stunde« ein, das heißt eine Phase ungestörter Arbeit. So etwas einzurichten und durchzusetzen ist oft einfacher als gedacht. Wenn Sie davon überzeugt sind, dass dies wichtig und nützlich ist, werden Sie auch Ihre Kollegen oder Vorgesetzten überzeugen können. Denn durch vermeidbare Unterbrechungen gehen Ihnen und damit auch dem Unternehmen wertvolle Ressourcen verloren.

Der Sägezahneffekt

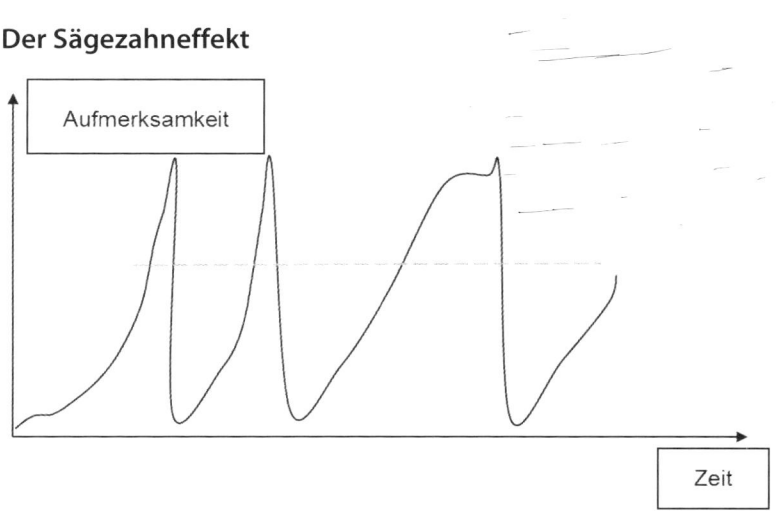

Abbildung 87: Sägezahneffekt

Abbildung 87 zeigt den sogenannten Sägezahneffekt: Die Kurve stellt die Aufmerksamkeit dar, mit der Sie sich einer Aufgabe widmen. Immer wenn die Kurve abfällt, wurden Sie gestört oder unterbrochen. Sicher ist: Sie brauchen nach jeder Störung wieder geraume Zeit, um in Ihrer Konzentration das vorherige Level zu erreichen. (Hierzu gibt es widersprüchliche Studienergebnisse, die Zeiträume variieren zwischen 2 und 23 Minuten.) Erst oberhalb der gestrichelten Linie arbeiten Sie wieder auf hohem Effizienzniveau. Wenn Sie die Flächen oberhalb und unterhalb dieser Linie vergleichen, erkennen Sie, wie erschreckend selten man eigentlich mit hoher Effizienz arbeitet. Unterbrechungen scheinen zum Arbeitsalltag zu gehören und unvermeidbar zu sein – oder geht da doch etwas?

Was ist der normale Alltag und was ist eine Störung?

Diese Frage ist nicht so einfach, wie sie klingt, und lässt sich nicht allgemeingültig beantworten. Es hängt sehr von Ihrer Bürosituation und Ihrem individuellen Nervenkostüm ab. Auch die Lärmempfindlichkeit ist von Person zu Person unterschiedlich. Während der eine bereits stark unter der Lärmbelästigung leidet, kann der Kollege am Nachbartisch sagen: »Das macht mir gar nichts aus, da höre ich einfach nicht hin.« Hier gilt es, Verbesserungen zu schaffen, wo immer es möglich ist.

Die Stille Stunde

Eine wirklich wirksame Sache ist die bereits erwähnte Stille Stunde, also eine feste Zeit – je nach Situation einmal am Tag oder ein- bis zweimal in der Woche, in der Sie nicht zu sprechen sind und sich wirklich auf Ihre Aufgaben konzentrieren können.

Tipps zur Stillen Stunde

➤ Schalten Sie Echtzeitnachrichten, die Sie über eintreffende E-Mails informieren, ab. (Outlook: *Datei → Optionen → E-Mail-Nachrichteneingang*; Lotus Notes: *Datei → Vorgaben → Benutzervorgaben → Mail*)

➤ Probieren Sie einmal, wenn Sie längere Zeit an Papierdokumenten arbeiten, den Bildschirm einfach abzuschalten oder zu sperren (Windows-Taste + L). Prüfen Sie, ob das Auswirkungen auf Ihre Konzentration hat.

➤ Schließen Sie Ihre Bürotür, wenn Sie eine haben.

➤ Wenn Sie im Großraumbüro sitzen: Setzen Sie sichtbare Signale, die Sie im Kollegenkreis vorstellen, beispielsweise ein Schild oder eine Ampel, wie es sie im Modelleisenbahnzubehör gibt. Was auch immer Sie sich aussuchen, zeigen Sie sichtbar an, ob Sie angesprochen werden können oder bitte nur »wenn es brennt«. So mancher Kollege wird sicher trotzdem versuchen, Sie in ein Gespräch zu verwickeln. Weisen Sie einfach schweigend auf das Signal, wenn es nicht beachtet wird.

➤ Vielleicht können Sie sich für manche Arbeiten, bei denen Sie ungestört sein sollten, in einen unbenutzten Konferenzraum zurückziehen.

➤ Können Anrufe eine Zeit lang auf die Sprachbox oder zu einem Kollegen umgeleitet werden? Wie ist es, wenn Sie in einer Besprechung sind? Schließlich haben Sie gerade »einen Termin mit sich selbst«.

➤ Wenn Sie eine Kollegin oder einen Kollegen haben: Schützen Sie sich gegenseitig für diese Stunde am Tag. Das bringt viel mehr Nutzen, als es Aufwand kostet.

➤ Holen Sie Ihre Führungskraft mit ins Boot, erklären Sie ihr oder ihm, dass mit der Stillen Stunde die wirklich wichtigen Dinge auch die Priorität erhalten, die ihnen zusteht.

Das Störprotokoll

Wenn Sie denken, dass Ihre Arbeit unter zu vielen vermeidbaren Störungen leidet, sollten Sie ein Störprotokoll anfertigen, um objektive Belege für Ihr subjektives Empfinden zu haben. Mit klaren Fakten sind Verbesserungen leichter zu erreichen. Schreiben Sie eine Woche lang in eine einfache Tabelle, wer oder was Sie wann wie lange gestört hat. Ein Muster für ein Störprotokoll finden Sie im Anhang.

Analysieren Sie dann zunächst, welche dieser Störungen vermeidbar sind und überlegen Sie sich Schritte, wie dies geschehen kann. Mit diesen Vorüberlegungen suchen Sie dann das Gespräch mit Ihrem Vorgesetzten und bitten um Unterstützung bei der Durchsetzung der Verbesserungen.

Hohe Ansprüche – Die drei Antreiber

Warum fällt es so schwer, die eigenen Interessen klar zu vertreten? Viele von uns haben drei mehr oder weniger dominante »Antreiber« im Ohr sitzen.

1. Sei schnell (hurry up!)

Beeil dich – Zeit ist Geld – nur wer schnell ist, ist dabei ... Kennen Sie das? Ist Geschwindigkeit tatsächlich immer gut? Es gibt seit einigen Jahren eine Gegenbewegung: die *Slobbys* – slow but better working people. Daran ist viel Wahres, jedoch glaube ich nicht, dass jemand im Vorstellungsgespräch sich stolz als »Slobby« vorstellt. Geschwindigkeit gilt noch immer als Tugend, auch wenn die allgemeine Hetzerei beklagt wird. Es gibt einen schmalen Grat zwischen Hetze und produktiver Geschwindigkeit. Sich auf diesem zu halten hat viel mit Konzentration und geistiger Präsenz zu tun. Was gar nicht dazu passt, ist Multitasking. Denn es erhöht nur den gefühlten Stress, nicht aber die Geschwindigkeit, mit der die Arbeit vorangebracht wird.

2. Sei perfekt (be perfect)

Dieses Buch heißt *Perfekt im Office* – und nun schreibe ich über Perfektion als Antreiber … Ich versuche es mit einer wahren Geschichte: Ich kam etwas unzufrieden von einer Seminarreise nach Hause. Eine Übung, die ich neu ins Programm aufgenommen hatte, funktionierte gar nicht so, wie ich mir das vorgestellt hatte. Den Seminarteilnehmern waren ganz andere Themen wichtig, als die, auf die ich es angelegt hatte. Da musste ich eben improvisieren. Als ich das meiner damals 11-jährigen Tochter erzählte, war ihre erste Frage: »Mama, hat sich jemand beklagt, waren die Leute unzufrieden?« Nein, das waren sie nicht, das Seminar war wirklich gut beurteilt worden … »Na also, es wusste ja niemand, was du geplant hattest, alle waren zufrieden, dann sei du es auch!«

Ist es nicht so, dass wir manchmal an uns selbst viel höhere Ansprüche stellen, als es andere Menschen tun? Dass wir uns gerne an dem winzigen Fehlerchen aufhängen, anstatt den gelungenen Rest zu feiern? Ein guter Maßstab für eine notwendige Freundlichkeit mit sich selbst ist: Vergleichen Sie doch einmal die Ansprüche, die Sie an Ihre eigene Arbeit stellen, mit denen, die Sie an die Arbeit Ihrer geschätzten Kollegin oder Ihres befreundeten Kollegen stellen. Verlangen Sie von sich selbst nicht mehr, als Sie von anderen verlangen.

3. Sei gefällig (please me)

Hier funktioniert die deutsche Übersetzung nicht wirklich gut. In der Zusammenarbeit am Arbeitsplatz gibt es viele Rituale und Gepflogenheiten, die auch das Schmiermittel des Miteinanders sind. Es ist wunderbar, sich gegenseitig zu helfen. Nichts geht über Kollegen, die füreinander einstehen und sich bei Arbeitsspitzen gegenseitig unter die Arme greifen. Solange die Balance stimmt, ist das wunderbar.

Aber wenn es kippt, manche Menschen immer mehr fordern als geben, Unterstützung verlangen und selbst niemals zur Stelle sind, wenn sie gebraucht werden, dann ist es an der Zeit, Klartext zu reden und auf das Gleichgewicht von Geben und Nehmen hinzuweisen – auch und vor allem wenn eine Sache schon lange mit einem Ungleichgewicht läuft. Es gibt kein Gewohnheitsrecht in diesen Dingen, das sich nicht aufbrechen ließe. Sicher ist dann zunächst der eine oder andere Kollege eine Zeit lang verschnupft. Aber letztlich erhalten Sie höhere Wertschätzung, wenn Sie auch für Ihre eigenen Interessen klar einstehen und Ihre Ansprüche präzise formulieren.

Nein sagen ohne Kollateralschäden

»Arbeit folgt dem Weg des geringsten Widerstandes!« war für mich der zentrale Satz in Bill Jensens Buch *Radikal vereinfachen*. Wenn Sie also eine Aufgabe nicht haben möchten, erhöhen Sie den Widerstand dagegen, dass dieses Arbeitspaket überhaupt auf Ihrem Schreibtisch landet. Sagen Sie klar Nein oder – wenn das nicht geht – verhandeln Sie die Aufgabe. Hier sind einige Anregungen, wie ein Nein verpackt werden kann.

Nein zu Kollegen gleicher Hierarchieebene

➤ Ohne Vorbelastung: »Gerne, wenn du dafür für mich … übernimmst.«

➤ Nach Blick auf Ihre To-do-Liste: »Lass mal sehen: Am Freitag nächste Woche hätte ich dafür eine halbe Stunde.«

➤ Zu einer Kollegin, die Ihnen immer Arbeit auflädt, ohne sich zu revanchieren: »Das tue ich gerne für dich, aber bitte kläre kurz mit *[Name der Führungskraft]*, dass die Präsentation, an der ich gerade arbeite, so lange warten kann.«

➤ Oder ganz schlicht, mit einem Lächeln: »Nein, das kann ich leider nicht übernehmen.«

Tappen Sie nicht in die Expertenfalle, die meist mit einem Kompliment eingeleitet wird, nach dem Muster: »Das kannst du doch so prima; das dauert bei mir immer Ewigkeiten ...« Bleiben Sie souverän und antworten Sie: »Ja, danke. Übung macht den Meister, ich habe schon geübt, jetzt bist du dran.«

Nein zu Vorgesetzten – oder genauere Information einfordern

➤ »Wann genau brauchen Sie das?«

➤ »Dafür muss dann Projekt X bis zum Dienstag warten. Geht das?«

➤ »Ich werde die Sache jetzt gleich kurz skizzieren. Können wir dann diesen Auftrag genauer besprechen?«

➤ »Würden Sie bitte eben einen Blick auf meine aktuellen Aufgaben werfen und mir dann sagen, welche davon noch warten kann?«

➤ »Wie schön, dass Sie mir diese anspruchsvolle Aufgabe zutrauen. Können wir das bei der nächsten Aktualisierung in meine Stellenbeschreibung aufnehmen?«

> ➤ »Hatte nicht Abteilung XY letzten Monat dieselbe Sache auf dem Tisch? Wissen Sie vielleicht, wen ich fragen kann?«

> ➤ »Welche Unterstützung kann ich dafür bekommen?«

> ➤ »Damit ich meine Aktivitätsliste aktualisieren kann: Welche Projekte haben Sie denn außerdem in der Planung?«

Bei alldem ist wichtig: Hören Sie gut zu, zeigen Sie Wertschätzung, indem Sie wirklich versuchen, das Anliegen Ihres Gegenübers zu verstehen. Fragen Sie gegebenenfalls noch einmal nach, damit Sie sicher sind, die Aufgabe richtig verstanden zu haben. Dann sind Sie an der Reihe: Sagen Sie ebenso klar, warum Sie das (heute) nicht tun können oder was der Preis dafür wäre (etwas anderes muss warten, Sie brauchen Unterstützung an anderer Stelle). Wenn möglich bieten Sie eine Alternative an. Kurzfristig erzeugt das vielleicht Unmut (»Sie/Er war doch sonst nicht so zickig«), wenn Sie aber mit ruhigem und bestimmtem Ton Ihre Prioritäten schützen, dabei freundlich bleiben und die vereinbarten Termine dann auch einhalten, werden Sie als zuverlässig und kompetent wahrgenommen.

Gesundes Selbstmarketing

In vielen Poesiealben meiner Generation findet sich folgender Spruch: »Sei wie das Veilchen im Moose, sittsam, bescheiden und rein, nicht wie die stolze Rose, die immer bewundert will sein.« Ich hoffe sehr, alle jüngeren Menschen lachen darüber! Ich möchte hier nicht ergründen, wann und unter welchen Umständen an diesem Vers etwas Wahres dran war. Aber sicher ist: In der heutigen Unternehmenskultur ist er ganz und gar fehl am Platz! Vor allem wenn Sie Wert darauf legen, nicht Ihr gesamtes Berufsleben auf der Stelle zu treten und für andere Menschen lediglich die Fleißarbeit im Hintergrund zu erledigen. Nicht jeder fühlt sich wohl im Rampenlicht, aber eine gerechtfertigte Wertschätzung der Arbeitsleistung und langfristig interessante Aufgaben und wachsende Kompetenzen sind sicherlich erstrebenswerte Ziele.

Werden Sie also aktiv im Sinne von gesundem Selbstmarketing. Üben Sie sich darin, wenn eine Sache gut gelaufen ist, das auch zu benennen. Ja, das ist schon »fishing for compliments« aber das ist erlaubt! Nehmen Sie Ihr Arbeitsprotokoll und machen Sie am Monatsende eine Kurzaufstellung der Meilensteine oder der gelungenen Projekte oder Aufgaben und tragen Sie die Ergebnisse ganz sachlich Ihrer Führungskraft vor. Genauso wie Sie die letzten Quartalszahlen besprechen. Gehen Sie nicht davon aus, dass Ihre Arbeit automatisch gesehen und geschätzt wird. Das kann sein, aber selbstverständlich ist es nicht. In dem Supermarkt, in dem ich einkaufe, hängt an der Stirnseite der Einkaufswagen ein Schild mit der Aufschrift: »Sie sind gut – toll – und wer weiß das?« Sorgen Sie dafür, dass Sie wahrgenommen werden. Werden Sie sichtbar. Sabine Asgodom hat dazu ein hilfreiches Buch geschrieben: *Eigenlob stimmt: Erfolg durch Selbst-PR*. Dort finden Sie viele Beispiele und Tipps dazu.

Den Berufsweg planen

Wer sind Sie und wo wollen Sie hin?

Die Menschen sind verschieden, und das ist gut so. Was für den einen ein wichtiges Ziel im Leben ist, lässt die andere ganz kalt. Was sind Ihre Ziele im (Berufs-)Leben? Wo wollen Sie sein mit 40, 50 oder 60 Jahren? Meist plant man nur die ersten ein oder zwei Jahrzehnte, aber was kommt dann? Wenn mein Jahrgang 42 Jahre alt ist – das ist das Alter, an dem man nach früherer Lehrmeinung den Punkt erreicht haben sollte, an der man in Rente gehen kann – hat man noch 25 Jahre zu arbeiten! Das ist mehr als die Hälfte des Berufslebens. Es lohnt sich sehr, diese Zeit gezielt zu planen und nicht einfach nur geschehen zu lassen. Das ist allerdings anstrengende und oft auch unbequeme Arbeit. Um Ihnen diese zu erleichtern, finden Sie hier vier Leitfragen für Ihre Überlegungen. Müssen Sie Ihre Ziele und Wünsche neu überdenken?

1. Welche besonderen Fähigkeiten und Fertigkeiten haben Sie?

Eine besondere Ausbildung, vielleicht im Ausland? Besondere Kenntnisse, vielleicht Fremdsprachen, Informatik, Philosophie? Besondere Fertigkeiten, vielleicht in Kunst, Gestaltung, Technik, Sport?

Wie lassen sich diese Fähigkeiten und Fertigkeiten in Ihre Arbeit einbringen? Werden sie wertgeschätzt? Haben Sie dadurch Wettbewerbsvorteile?

2. Welche Kompetenzen haben Sie?

Sind diese Kompetenzen schriftlich fixiert in einer Stellenbeschreibung oder haben sie sich im Laufe der Zeit so entwickelt? Was machen Sie, wenn Ihr Chef geht?

Entsprechen Ihre Kompetenzen Ihren Wünschen? Steigt dadurch Ihr Prestige oder machen Sie Ihnen nur mehr Arbeit?

Wollen Sie mehr Einfluss? Mit welcher Strategie ließe sich das erreichen?

3. Was ist Ihnen bei Ihrer Tätigkeit wichtig?

Welches sind für Sie die drei wichtigsten Werte in der Liste unten? Worauf legen Sie den größten Wert?

Können Sie diese Werte in Ihrem jetzigen Aufgabengebiet leben oder müssen Sie etwas ändern? Wer könnte Ihnen behilflich sein?

➤ Anerkennung

➤ Einkommen

➤ Fachkompetenz

➤ Führungsposition

➤ Herausforderung

➤ Kontakt

➤ Kreativität

➤ Ordnung

➤ Selbstständigkeit

➤ Sicherheit

4. Welcher Arbeitsbereich entspricht Ihnen?

Werden Sie richtig eingesetzt? Würden Sie gerne in einer anderen Position arbeiten?

Was haben Sie bisher erreicht? Wie soll es weitergehen?

Die Arbeit überdenken

Reflexion bedarf es auch bei der Arbeit selbst. Wie erledigen Sie Ihre Aufgaben? Sind Sie mit sich selbst zufrieden? Sind auch die anderen mit Ihnen zufrieden? Nachdenken allein genügt aber nicht, zur Untermauerung Ihrer Wünsche benötigen Sie Fakten, und diese liefern Ihnen Ihre Aufgabenliste und die Tagespläne. Versuchen Sie einmal Folgendes: Am Ende einer Woche nehmen Sie sich eine halbe Stunde extra Zeit und gehen in Gedanken die Woche anhand folgender Fragen durch:

➤ Haben Sie die Prioritäten richtig gesetzt?

➤ Haben Sie Ihren Zeitbedarf richtig eingeschätzt?

➤ Haben Sie ausreichend Pufferzeiten vorgesehen?

➤ Haben Sie das Richtige zum richtigen Zeitpunkt getan?

➤ Was sollten Sie nächste Woche besser machen?

Die eigenen Arbeitsgewohnheiten überprüfen

Manchmal behindert man sich selbst. Die eigenen Hindernisse zu erkennen, ist auch ein Ziel des Selbstmanagements: In einer ruhigen Minute über die eigene Arbeitsleistung nachzudenken und Verbesserungsmöglichkeiten zu suchen, ist ein guter Schritt. Das bringt Erkenntnis, Selbstvertrauen und Durchsetzungskraft.

Nicht erst Anordnungen von oben abwarten, sondern durch eigene Initiative, durch eigene Reflexion neue Wege suchen und finden. Oft kennen Sie Ihre kleinen Schwächen ja, aber Sie schieben Sie weg. Hier ist der richtige Ort, sie zu akzeptieren – und abzustellen.

Schwäche 1: Aufgaben aufschieben

Bei manchen umfangreichen Aufgaben läuten schon einmal die Alarmglocken: »Das schaffe ich nie!« – und sie schieben die Arbeit von einem Tag auf den nächsten. Dagegen gibt es einen einfachen Trick: Die umfangreiche Aufgabe wird in kleine Stücke zerlegt. Bearbeiten Sie zum Beispiel einen Bericht von 100 Seiten in kleinen Portionen von je 20 Seiten. Jede einzelne Aufgabe schreiben Sie getrennt in Ihre Aufgabenliste und planen sie dann Stück für Stück terminlich ein. Wie das geht, können Sie im Kapitel »Terminmanagement« nachlesen, vor allem »Salamitaktik«, Seite 65. So haben Sie täglich etwas abzuhaken und es geht voran, der Berg wird stetig kleiner. Und Ihr schlechtes Gewissen auch.

Schwäche 2: Fleißig ohne Erfolg

Sie sind unheimlich fleißig und die Arbeit macht Ihnen auch Spaß. Ihr Schreibtisch quillt über. Sie sind beschäftigt, das sieht man. Trotzdem wachsen Ihnen die Dinge manchmal über den Kopf. Wie wird das besser? In all der Betriebsamkeit einen geistigen Stopp einbauen: Erst überlegen, dann loslegen.

Haben Sie die Prioritäten richtig gesetzt? Ist diese Sache wirklich sehr wichtig oder nur dringend (siehe Eisenhower-Methode, Seite 55)? Oder trauen Sie sich nicht, Nein zu sagen, wenn Ihnen wieder einmal ein Berg Arbeit auf den Tisch gelegt wird mit den Worten: »Das muss unbedingt noch heute raus!« Lernen Sie, Nein zu sagen (siehe »Nein sagen ohne Kollateralschäden«, Seite 202).

Schwäche 3: Das kann nur ich!

Stimmt das wirklich? Gibt es wirklich niemanden, der Sie ersetzen kann? Haben Sie es noch nie ausprobiert? Wie lange machen Sie den Job schon? Wann waren Sie zuletzt bei einer Fortbildung? Sind Sie bei den Kollegen beliebt? Was sagt Ihr Chef?

Schwäche 4: Perfekt sein wollen

Sie dürfen perfekt sein. Dieses Buch heißt ja so. Aber mal ehrlich: Sind Sie vielleicht manchmal »überperfekt«? Haben Sie Angst, etwas falsch zu machen? Wurden Sie für einen Fehler schon einmal bloßgestellt oder sanktioniert? Ist das schon einmal vorgekommen? Was kostet Ihr Perfektionismus? Lohnt sich das? Niemand ist immer perfekt. Manchmal ist es auch angebracht, nur zu 80 Prozent perfekt zu sein. Vertrauen Sie darauf, dass Sie gut sind. Das stärkt Ihr Selbstvertrauen.

Berufliche und private Ziele im Gleichgewicht

In einer Zeit, in der die Anforderungen an die beruflichen Aufgaben ständig steigen, wo Flexibilität zum Schlagwort wird, in einer Arbeitswelt der Veränderungen und Fusionen, kommen wir nur zurecht, wenn wir die Arbeit nicht als einziges Mittel des persönlichen Erfolgs sehen. Die Arbeit hat einen wichtigen Stellenwert im Leben eines jeden Menschen, aber sie ist eben nicht alles. Wir brauchen Gegenpole zur Arbeit. Was könnte das für Sie sein?

Gegenpole zur Arbeit

➤ Eine gute Beziehung zum Partner

➤ Pflege von Freundschaften

➤ Beschäftigung mit Kindern

➤ Eine sportliche oder künstlerische Betätigung

➤ Besuch kultureller Veranstaltungen

➤ Ausreichend Zeit für Erholung

Das Leben ist zu kostbar, um es mit einer ungeliebten oder im schlimmsten Fall sogar krankmachenden Arbeit zu verbringen. Ob eine Arbeit befriedigend ist oder zermürbend, hängt weniger von den Aufgaben, als vielmehr vom menschlichen Miteinander und der empfundenen Wertschätzung ab. Sorgen Sie für sich. Verbessern Sie in Ihrer Umgebung, was verbessert werden kann, sorgen Sie für Ihre Erfolgserlebnisse – eine strukturierte Ablage, ein gepflegtes Set von Checklisten, eine reibungslose Urlaubsvertretung – und feiern Sie Ihre Erfolge!

Gehen Sie offline!

Pflegen Sie kleine Rituale, ein besonderer Tee oder ein Glas Saft am Freitagnachmittag – oder ein Wochenendbier mit den Kollegen. Schließen Sie Ihren Arbeitstag und Ihre Arbeitswoche ab. Gehen Sie bewusst in den Feierabend oder ins Wochenende. Versuchen Sie, die Arbeit weder im Kopf noch in der Tasche nach Hause zu tragen. Dabei hilft Ihnen vielleicht folgende kleine Übung aus dem Stressmanagement: Suchen Sie sich auf dem Heimweg eine feste Stelle, die Ihr gedachter »Müllhaufen« ist. Das kann ein realer Papierkorb sein oder eine Ecke im Treppenhaus oder das Bushäuschen, an dem Sie einsteigen, oder die Schranke am Firmenparkplatz. Ganz egal. Wenn Sie abends an dieser Stelle vorbeikommen, werfen Sie dort bewusst gedanklich alles Belastende ab, was Sie in dem Moment noch mit sich herumtragen. Sagen Sie dem in Gedanken hingeworfenen Haufen: »Ich gehe jetzt! Falls du morgen noch hier liegst, nehme ich dich wieder mit. Aber schlafen werde ich alleine!« Schalten Sie jetzt Ihre elektronischen Kontakthalter aus (es sei denn Sie haben Bereitschaftsdienst). Widmen Sie sich Ihrer Familie, Ihrer Erholung, Ihrem Privatleben. Das ist die beste Versicherung für viele Jahre gute Leistungsfähigkeit.

Wie wichtig das Abschalten im Urlaub ist, musste der Geschäftsführer eines IT-Unternehmens durch die Hintertür lernen. Diese wahre Geschichte zum Abschluss: Der Geschäftsführer machte in einem

Nicht-EU-Land Urlaub. Bei der Einreise wurde sein Blackberry vom Zoll beschlagnahmt. Er erhielt ihn zwar nach einigen Stunden unbeschadet wieder, aber was war wohl in der Zwischenzeit damit geschehen? Er zweifelte daran, dass seine Daten auf dem Mobilgerät ausreichend sicher waren. Er ordnete nach diesem Erlebnis an, dass alle, die in Urlaub gehen, ihre Firmen-Laptops und -Smartphones im Firmensafe zurücklassen müssen.

Trotz anderer Motivation hat dieses Erlebnis dazu beigetragen, dass sich in dem Unternehmen ein gutes Verhältnis zum »Offline Sein« einstellen konnte. Ich denke, dieses gute und freundliche Nebeneinander von aufmerksamer Arbeit und entspanntem Abschalten ist es wert kultiviert zu werden.

14. Anhang

Agenda

Agenda **Seite 1/1**

Datum: Beginn: Ende: Ort:

Vorsitz/Moderator:

Teilnehmer:

Tagesordnung: V I A E

1. Genehmigung des letzten Protokolls alle

2. Allgemeines

3.

4.

5.

6.

Protokoll

Protokoll Seite 1/1

Datum: Beginn: Ende: Ort:

Vorsitz/Moderator:

Teilnehmer:

VIAE

Tagesordnung:

1. Genehmigung des letzten Protokolls

2. Allgemeines

3.

4.

5.

6.

zu TOP 1

Das Protokoll der letzten Sitzung wird einstimmig genehmigt.

zu TOP 2

zu TOP 3

zu TOP 4

zu TOP 5

zu TOP 6

WAS ist zu erledigen?	WER erledigt es?	Bis WANN?	erl.

Für die Richtigkeit des Protokolls: Nächster Termin: Ort:

am: 31. Mai 2012

Aufbewahrungsfristen Stand Juni 2012

Hier ist eine unverbindliche und nicht vollständige Übersicht über die momentan gültigen Aufbewahrungsfristen zu Ihrer Orientierung.

Erkundigen Sie sich stets nach unternehmensinternen Vorgaben zur Aufbewahrung von Dokumenten.

Immer aktuelle Auskunft erhalten Sie auf den Webseiten Ihrer IHK.

Beachten Sie auch die Vorgaben, was unbedingt im Original aufbewahrt werden muss. Dazu zählen Bilanzen und Gründungsakten.

Schriftgut Aufbewahrungsfrist	Jahre
A	
Abrechnungsunterlagen	10
Abtretungserklärungen	6
Aktenvermerke	6
Anfragen an Lieferanten oder Kunden	0
Angebote mit Auftragsfolge	6
Angebote ohne Auftragsfolge	0
Angestelltenversicherung (Belege)	10
Anlagenvermögensbücher- und Karteien	10
Anträge auf Arbeitnehmersparzulage	6
Arbeitsanweisungen für EDV-Buchführung	10
Aufbewahrungsvorschriften für betriebliche EDV-Dokumentation	10
Ausgangsrechnungen	10
Aushänge	0

B

Bankbelege	10
Bankbürgschaften	6
Beitragsabrechnungen der Sozialversicherungsträger	10
Belege, soweit Buchungsfunktion (Offene-Posten-Buchhaltung)	10
Benutzerhandbücher bei EDV-Buchführung	10
Betriebskostenrechnungen	10
Betriebsprüfungsberichte	6
Bewerbungsschriftwechsel	0
Bewirtungsunterlagen	10
Bilanzen	10
Blockdiagramme, soweit Verfahrendokumentation	10
Buchungsbelege	10

D

Darlehensunterlagen (nach Ablauf des Vertrags)	6
Dauerauftragsunterlagen (nach Ablauf des Vertrags)	10
Datensicherungsregeln	10
Debitorenliste (soweit Bilanzunterlage)	10
Depotauszüge (soweit nicht Inventare)	10

E

Einfuhrunterlagen	6
Eingabebeschreibungen bei EDV-Buchführung	10
Eingangsrechnungen	10
Einheitswertunterlagen	10
Essensmarkenabrechnungen	6
Exportunterlagen	6

F	
Fahrtkostenerstattungsunterlagen	10
Fehlermeldungen, Fehlerkorrekturanweisung bei EDV-Buchführung	10
Finanzberichte	6
Frachtbriefe	6
G	
Gehaltslisten	10
Geschäftsberichte	10
Geschäftsbriefe (außer Rechnungen oder Gutschriften)	6
Geschenknachweise	6
Gewinn- und Verlustrechnung	10
Grundbuchauszüge	6
H	
Handelsbriefe (außer Rechnungen oder Gutschriften)	6
Handelsbücher	10
Handelsregisterauszüge	6
Hauptabschlussübersicht (wenn anstelle der Bilanz)	10
I – J	
Investitionszulage (Unterlagen)	6
Jahresabschlusserläuterungen	10
Journale für Hauptbuch oder Kontokorrent	10
K	
Kalkulationsunterlagen	6
Kassenberichte	10
Kassenbücher/-blätter	10
Kassenzettel	6
Kontenpläne und Kontenplanänderungen	10

Kontoauszüge	10
Kreditunterlagen (nach Ablauf des Vertrags)	6
L	
Lagerbuchführungen	10
Lieferscheine	6
- sofern als Belegnachweis, v. a. im Zusammenhang mit einer Rechnung	10
Lohnbelege	10
Lohnlisten	6
M	
Magnetbänder mit Buchfunktion	10
Mahnbescheide	6
Mietunterlagen (nach Ablauf des Vertrags)	6
N	
Nachnamebelege	10
Nebenbücher	10
O – Q	
Organisationsunterlagen der EDV-Buchführung	10
Pachtunterlagen nach Ablauf des Vertrags	6
Postbankauszüge	10
Preislisten	6
Pressemitteilungen	0
Prospekte	0
Protokolle*	6
Prozessakten	10
Quittungen	10
R	
Rechnungen	10

Reisekostenabrechnung	10
Repräsentationsaufwendungen (Unterlagen)	10
S	
Sachkonten	10
Saldenbilanzen	10
Schadensunterlagen	6
Schriftwechsel	6
Speicherbelegungsplan der EDV-Buchführung	10
Spendenbescheinigungen	6
T – V	
Telefonkostennachweise	10
Überstundenliste	6
Verkaufsbücher	10
Versand- und Frachtunterlagen	6
Versicherungspolicen	6
Verträge	6
W – Z	
Wareneingangs- und Warenausgangsbücher	10
Zahlungsanweisungen	10
Zollbelege	10
Zugriffsregelungen bei EDV-Buchführung	10
Zwischenbilanz bei Gesellschafterwechsel oder Umstellung des Wirtschaftsjahres	10

* Für Protokolle über die Gewährung von Prämien für Verbesserungsvorschläge gilt eine 10-jährige Aufbewahrungsfrist

Muster: Klassischer Aktenplan Büro

0 Leitung

0-0 Gründung

0-00 Gesellschaftsverträge

0-01 Handelsregister

0-02 Schriftwechsel mit Gesellschaftern (nach Datum)

0-1 Führung

0-10 Geschäftsleitung

0-11 Protokolle GL

0-12 Schriftwechsel GL (nach Datum)

0-13 Vollmachten

0-14 Personalakten GL

0-2 Team

0-20 Protokolle Team (nach Datum)

0-21 Arbeitsaufträge Team

0-3 Partner

0-30 Partnerschaften, Kooperationen (nach ABC)

0-4 Mitgliedschaften

0-40 Verbände

0-5 Geschäftsberichte

0-50 Geschäftsberichte mit Bilanzen (nach Jahren)

0-6 Archiv

0-60 Chronik

0-61 Archiv

1 Firmen-Organisation

1-0 Büro

1-00 Mietvertrag

1-01 Nebenkosten

1-02 Instandhaltung

1-03 Schlüsselplan

1-04 Schriftwechsel mit der Hausverwaltung (nach Datum)

1-05 Ausstattung Übersicht

1-06 Räume, neue

1-1 Organisation

1-10 Aufbau- und Ablauforganisation

1-11 Archivierung: Aktenplan, Aktenverzeichnis, Schriftgutkatalog

1-12 Systempflege EDV-Organisation

1-13 Vordrucke, Formulare der Verwaltung

1-14 Disketten-, CD und DVD-Verzeichnis (nach Sachgebiet und/oder numerisch)

1-15 Handbücher

Fon, Fax, Mail

(im Regal liegend)

1-2 Versicherung

1-20 Betriebsversicherung

1-21 Feuerversicherung

1-22 Einbruchsversicherung

1-23 Haftpflicht-Versicherung

1-24 Kfz-Versicherung

1-25 Versicherungen, andere

1-3 Recht

1-30 Rechtsangelegenheiten, allgemeine HGB, BGB

1-31 Patentrecht

1-32 Gebrauchsmuster, Warenzeichen

1-33 Lizenzen

1-34 Erfindungen

1-4 Zeitschriften

1-40 Abonnements Übersicht

1-41 Zeitschriften Dokumentation (in Stehsammlern)

1-42 Presse Ausschnitte

2 Finanzen

2-0 Bank

2-00 Schriftwechsel Bank 1 (nach Datum)

2-01 Schriftwechsel Bank 2 (nach Datum)

2-02 Daueraufträge, Einzugsermächtigungen

2-03 Kredite, Sicherheiten

2-1 Finanzamt

2-10 Schriftwechsel Finanzamt (nach Datum)

2-11 Umsatzsteuer

2-12 Körperschaftssteuer

2-2 Steuerberater

2-20 Schriftwechsel Steuerberater (nach Datum)

2-21 Buchungsanweisungen, Kontenplan

2-22 Buchprüfungen

2-3 Buchungsbelege

2-30 Rechnungen an Kunden

2-31 Rechnungen von Lieferanten

2-32 Kontoauszüge, Zahlungen

2-33 Belege, sortiert (nach Datum, kaufmännisch)

2-34 Kasse

2-4 Budget

2-40 Finanz- und Investitionsplan

2-41 Leasingverträge

2-42 Bürgschaften

2-5 Abschluss

2-50 Monatsabschlüsse

2-51 Inventur

2-52 Anlagenspiegel

3 Personal

3-0 Arbeitsrecht, Sozialversicherung

3-00 Tarife, Richtlinien (Arbeitszeit, Überstunden, Urlaub)

3-01 Reisekosten Richtlinien

3-02 Gewerbeaufsichtsamt

3-03 Krankenkassen

3-04 Berufsgenossenschaft

3-05 Arbeitsamt Abrechnung

3-06 BfA

3-07 Rechtsangelegenheiten Personal

3-08 Schwerbeschädigtenabgabe

3-1 Leistungen, betrieblich

3-10 Einrichtungen, betriebliche (Kindergarten, Kantine)

3-11 Veranstaltungen, betriebliche Betriebsausflug)

3-12 Weihnachtsgeld, Urlaubsgeld

3-13 Darlehen, Vorschüsse

3-14 Geschenke an MA zu Geburtstagen und Jubiläen

3-15 Prämien, Tantiemen

3-16 Altersversorgung, betriebliche

3-17 Fortbildung

3-2 Personalbeschaffung

3-20 Stellenausschreibungen

3-21 Bewerbungen

3-22 Bewerber Beurteilungen

3-23 Inserate

3-24 Zeitarbeit

3-25 Arbeitsamt Praktikum

3-3 Mitarbeiter

3-30 Personalakten Mitarbeiter (Einzelakte je MA Hängeregistratur)

3-31 Personalakten Praktikanten (eine Akte je Praktikant, Hängeregistratur)

3-32 Mitarbeiter, ehemalig Schriftwechsel, Rechtsangelegenheiten (nach ABC)

3-4 Gehälter

3-40 Gehälter Übersichten

3-41 Lohnkonten (nach Mitarbeitern)

3-42 Lohnsteuer, Kirchensteuer

3-43 Vermögenswirksame Leistungen

3-44 Entgeltfortzahlung

3-45 Pfändungen

3-5 Statistik

3-50 Statistik Personal

4 Einkauf

4-0 Einkauf

4-00 Bedarfsmeldung

4-01 Bestellungen

4-010 Büroeinrichtungen

4-011 EDV-Anlagen

4-012 Betriebsmittel,Bürobedarf

4-02 Lieferscheine

4-1 Einkauf DOK

4-10 Preislisten, Kataloge (mit Verfalldatum in Stehsammlern)

4-2 Lieferanten

4-20 Einkaufsrichtlinien,

4-21 Bezugsquellennachweis (nach Sachgebieten)

4-22 Lieferverträge (nach Sachgebiet und ABC – Verweis)

4-24 Schriftwechsel Lieferanten (nach ABC oder numerisch)

4-3 Dienstleistungen, fremde

4-30 Beratung

4-4 Statistik

4-40 Statistik Einkauf

5 Projekt

5-0 Konzept

5-00 Konzeptentwürfe

6 frei

7 frei

8 Vertrieb

8-0 Strategie

8-00 Marktziele

8-01 Marketingkonzept

8-1 Preisgestaltung

8-10 Kalkulationen, Preislisten

8-11 Verkaufs- und Zahlungsbedingungen

8-2 Akquisition

8-20 Akquisition Ansprechpartner

8-21 Kundenkontakte, neue

8-3 Anfragen, Angebote

8-30 Anfragen, Angebote (nach ABC oder Datum)

8-4 Kunden

8-40 Kundenadressen

8-41 Aufträge (Einzelakte je Kunde, Hängeregistratur)

8-42 Schriftwechsel allgemein (nach ABC oder numerisch)

8-5 After Sale

8-50 Kunden-Nachbetreuung (nach ABC)

8-6 Statistik

8-60 Statistik Verkauf

9 Öffentlichkeit

9-0 PR, Kontakte, Presse

9-00 Kontaktadressen (evtl. Kartei nach Bereichen, dann ABC)

9-01 Kontakte Film, Funk, Fernsehen (nach Bereichen)

9-02 Kontakte Presse (nach ABC)

9-03 Kontakte Behörden (nach ABC)

9-1 Druckwerke, eigene

9-10 Prospekte, eigene

9-11 Pressemappen, eigene

9-12 Media-Material, eigenes (Video, Audio CD, DVD)

9-2 Marktbeobachtung

9-20 Marktbeobachtung Trends

9-21 Marktbeobachtung Mitbewerber

9-22 Marktbeobachtung Analysen

© ENGEL-ORTLIEB

Flowchart Bewerbung

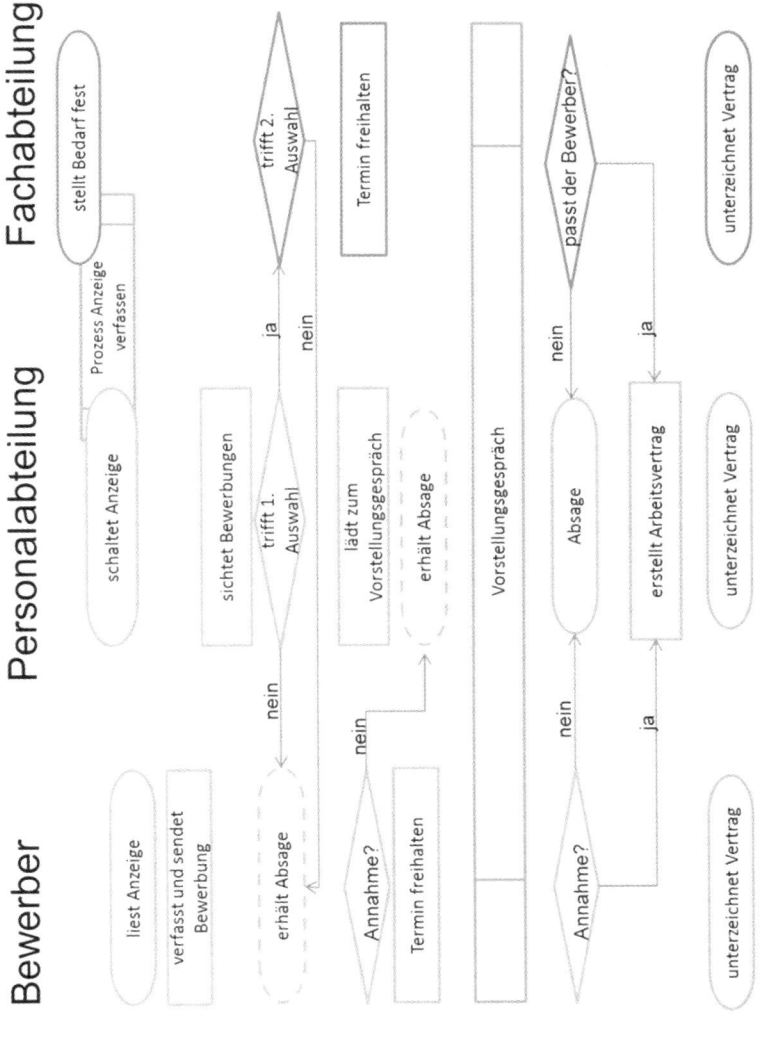

Störprotokoll vom:

Unterbrecher	Uhrzeit	Dauer	Anlass

Literaturverzeichnis

Allen, David: *Wie ich die Dinge geregelt kriege*, Piper Verlag, 2004

Asgodom, Sabine: *Eigenlob stimmt: Erfolg durch Selbst-PR*, Econ-Verlag, 2003

Bäcker, Stephan, Vahldiek, Axel: »Kontrolle ist besser« in: *c't*, Heise-Verlag, 13/2012 Seiten 88-91

Covey, Stephen R.: *Die 7 Wege der Effektivität,* Gabal Verlag, 2006

DIN Deutsches Institut für Normung e.V. (Hrsg.): *Schreib- und Gestaltungsregeln für die Textverarbeitung*, Beuth Verlag, 2011.

Duden: *Briefe und E-Mails gut und richtig schreiben*, Dudenverlag, 2010

Eikenberg, Ronald: »Sesam, öffne Dich nicht, Sicherheit von Passwörtern in Theorie und Praxis«, in: *c't*, Heise-Verlag, 02/2011, Seite 150

Gätjens-Reuter, Margit: *Ablage*, GWV Fachverlage 1999.

Heidrich, Joerg: »Schutzbefohlen« in: *c't*, Heise-Verlag, 10/2011 Seiten 136-138.

Jensen, Bill: *Radikal vereinfachen*, campus Verlag 2007.

Kossel, Axel; Stöbe, Markus; Zlotos, Ragni: »Hier einwerfen«, in: *c't*, Heise-Verlag, 13/2012 Seiten 78 - 83

Kurz, Jürgen, *Für immer aufgeräumt*, Gabal-Verlag, 2007

Nebelo, Ralf; Bors, Dieter: »Wolkenkuckucksbüro» in: *c't*, Heise-Verlag, 10/2011 Seiten 124-131.

Stöbe, Markus; Wirtgen Jörg: »Telefone in der Wolke« in: *c't*, Heise-Verlag, 13/2012 Seiten 84 - 87.

Schneider, Beate; Schubert, Martin: *Die Multitaskingfalle*, Orell Füssli, 2009

Seiwert, Lothar: *Ausgetickt*, Ariston Verlag, 2011

Steinbrecher, Wolf; Müll-Schnurr, Martina: *Prozessorientierte Ablage*, GWV Fachverlage, 2008

Welz, Friedrich; Bollinger, Heinrich; Ortmann, Rolf G.: *Qualitätsförderung im Büro*, Campus Verlag, 1989

Anmerkungen

1 Apostel Paulus im Jahr 50 an die Gemeinde in Thessaloniki

2 Seiwert, *Ausgetickt*, 2011

3 Duden, *Briefe und E-Mails* (…), 2010, Seite 10 ff

4 Schreib- und Gestaltungsregeln für die Textverarbeitung, 2011

5 Nach ISO 13616 und EBS 204; IBAN steht für International Bank Account Number.

6 Matzer: »Videokonferenzen verändern Geschäftsprozesse«, www.VDI-Nachrichten.com vom 25.07.2008

7 Mappei bietet hierfür kostenlose Beratung durch Organisationsberater an.

8 Steinbrecher, Müll-Schnurr: *Prozessorientierte Ablage*, 2008

9 »Brennpunkt Cloud« in: *Focus* 22/2012, Seiten 86 - 87

10 Clients im Allgemeinen können auch Ihre Endgeräte, zum Beispiel der Bürorechner, der Laptop zu Hause, der Tablet-PC, das Smartphone mit dem Programm sein, das die Verbindung zu dem Server in der Cloud herstellt. Hier ist nur die dafür zuständige Software gemeint, die auf dem Client-Gerät installiert ist.

11 Kossel, Stöbe, Zlotos: »Hier einwerfen«, in: *c't*, Heise-Verlag, 13/2012 Seiten 78 – 83

12 mehr dazu: Eikenberg, Ronald: »Sesam, öffne Dich nicht«, in: *c't*, Heise-Verlag, 02/2011, Seite 150

13 Für den Begriff Dokumentenmanagementsystem verwenden wir hier die Abkürzung DMS. Seit einigen Jahren ist auch die Abkürzung ECM (für Enterprise Content Management) gebräuchlich.

14 Für Dokumentenmanagementsystem verwenden wir hier die Abkürzung DMS. Seit einigen Jahren ist auch die Abkürzung ECM (für Enterprise Content Management) gebräuchlich.

15 Konzept aus: Welz, Bollinger, Ortmann: *Qualitätsförderung im Büro*, Campus Verlag, 1989

16 Schneider, Schubert: *Die Multitaskinglüge*, 2009

17 Kurz, *Für immer aufgeräumt*, 2007

18 Welz u.a.: *Qualitätsförderung im Büro*, 1989

19 Douglas, K. et al.: »Attention seeking«, in: *New Scientist*, Seite 38, 28.05.200519 Spira, J. B.; Feintuch, J. B.: *The cost of Not Paying Attention: How Interruptions impact Knowledge Workers Productivity*, Basex Inc., September 2005

Dank

An dieser Stelle gebührt der Dank allen Seminarteilnehmerinnen und Seminarteilnehmern der letzten zehn Jahre. Ohne ihre Fragen, Aufgaben, Beispiele und Geschichten aus dem echten Leben wäre dieses Buch dünn und blass geworden.

Meiner Kollegin Brigitte Ehry (O3 | Office Organisation & Optimierung, www.o3-web.de) danke ich für die wertvolle und effektive Zusammenarbeit, die Tipps und Geduld beim Korrekturlesen.

Mein Dank gilt auch Wolf Steinbrecher – für das Kapitel zu den Dokumentenmanagementsystemen und dafür, dass er mich immer wieder herausfordert, besser zu werden.

Ein besonderer Dank geht an Frau Dr. Engel-Ortlieb, die viel zu früh und sehr überraschend verstorben ist. Sie hatte die vorherigen Auflagen dieses Buches verfasst. Ihr gebührt meine Hochachtung, dass sie die große Fülle an Wissen um gute Praxis in der Büroarbeit zusammengetragen und geordnet hat. Aus diesen Büchern habe ich selbst mein Handwerkszeug gelernt, als ich vor Jahren begann, mich in das Thema Büroorganisation einzuarbeiten.

Herrn Michael Wurster vom Redline Verlag danke ich für alle Unterstützung bei der Entstehung dieses Buches.

Und natürlich meiner Familie: Danke.

Über die Autorin

Sigrid Hess ist eine langjährig erfahrene Trainerin für EDV und Büroorganisation. Prozessoptimierung im Büro ist ihr Ziel – vom großen Konzept bis zur täglichen PC-Praxis. Nach einigen Jahren als Ingenieurin in der Pharmaindustrie wechselte Sigrid Hess in die Freiberuflichkeit. Sie arbeitet seit 1999 als Trainerin für EDV und Bürokompetenzen.

Stichwortverzeichnis

Wenn Sie **Interesse** an
unseren Büchern haben,

z. B. als Geschenk für Ihre Kundenbindungsprojekte,
fordern Sie unsere attraktiven Sonderkonditionen an.

Weitere Informationen erhalten Sie von
unserem Vertriebsteam unter +49 89 651285-154

oder schreiben Sie uns per E-Mail an:
vertrieb@redline-verlag.de

REDLINE | VERLAG